掌尚文化

Culture is Future

尚文化·掌天下

国家社科基金

Research on collaborative governance mechanism of water resources and environment from the perspective of green development of population and industry in Beijing-Tianjin-Hebei region

五大增长极
助力高质量发展

京津冀
人口、产业绿色发展视阈下的
水资源环境协同治理机制研究

曾雪婷 著

经济管理出版社
ECONOMY & MANAGEMENT PUBLISHING HOUSE

图书在版编目（CIP）数据

京津冀人口、产业绿色发展视阈下的水资源环境协同治理机制研究/曾雪婷著 . —北京：
经济管理出版社，2022.6
ISBN 978-7-5096-8507-5

Ⅰ. ①京…　Ⅱ. ①曾…　Ⅲ. ①水环境—环境综合治理—研究—华北地区　Ⅳ. ①X321.22

中国版本图书馆 CIP 数据核字（2022）第 099596 号

组稿编辑：宋　娜
责任编辑：宋　娜
责任印制：黄章平
责任校对：王淑卿

出版发行：经济管理出版社
　　　　　（北京市海淀区北蜂窝 8 号中雅大厦 A 座 11 层　100038）
网　　址：www.E-mp.com.cn
电　　话：（010）51915602
印　　刷：唐山昊达印刷有限公司
经　　销：新华书店
开　　本：720mm×1000mm/16
印　　张：14
字　　数：220 千字
版　　次：2022 年 9 月第 1 版　　2022 年 9 月第 1 次印刷
书　　号：ISBN 978-7-5096-8507-5
定　　价：98.00 元

前　言

随着京津冀协同发展战略的推进,传统人口、产业增长模式下的水资源消耗、污染排放与区域水资源环境系统间的矛盾日益加剧。气候变化、水生态破坏、人口膨胀、城市化推进、工业化加速等因素进一步加剧了京津冀地区水资源危机。目前,京津冀地区作为典型缺水区域,人均水资源量已远低于国际警戒线,同时区域排放规模与强度已远超环境承载力,水体污染严重,水环境恶化,水资源环境压力已成为制约京津冀地区可持续发展的重要障碍。因此,通过人口调控、产业转型、排放控制与修复京津冀地区脆弱的水资源环境系统,以绿色转型实现人水和谐,把生态文明建设摆在突出位置,实现京津冀地区经济社会和水资源环境协同发展,已成为国家战略层面的重大问题。

本书依托于国家社科基金项目"京津冀人口、产业绿色发展视阈下的跨区域水资源环境协同治理机制研究"(该项目于 2018 年立项,并于 2021 年顺利结题),是该项目的重要研究成果。本书从绿色发展视阈出发,分析京津冀人口、产业结构,在高集成优化模式下对京津冀地区人水关系进行优化设计,结合政策情景分析,形成跨区域水资源环境协同治理机制框架。首先,基于京津冀地区人口、产业发展现状及协同化辨析,结合京津冀水资源环境承载力评价,剖析人口、产业转移背景下水资源匹配性及污染排放转移的公平性;其次,根据京津冀人口、产业绿色发展的关键因素进行政策情景分析,通过人口、产业、水资源优化模型明确京津冀水资源优化配置措施;最后,确定多情景下的京津冀污染物排放强度及绿色减排路径,并总结提出京津冀水资源环境协同治理机制。具体来看,第一章着重梳理京津冀人水关系问题及研究现状,第二章阐述京津冀人口、产业发展现状及协同化辨析，第三章对京津冀水资源环境承载力做出评价，第四章分析人口、产业转移背景下的京津冀水资源匹配性与污染排放转移的公平性，第五章主要分析京津冀人口、产业绿色发展程度评价及关键技术因素，第六章明确人口、产业绿色发展背景下的京津冀水资源优化配置措施，第七章明晰多情景下的京津冀污染物排放强度及绿色减排路径研究，第八章为基于绿色发展的京津冀水资源环境协同治理机制。

在研究与成书过程中，本书借鉴了大量国内外专家学者关于水资源环境协同治理等方面的理论与方法，以期为京津冀地区的可持续发展提供解决方法与对策。与此同时，在撰写过程中，首都经济贸易大学硕、博研究生及本科生积极参与资料的收集、整理和编写工作，其中，金雪玲、彭玉缘、高尚、刘庚参与到第一章的资料整理与撰写工作中，孟丽君参与了第二章的模型计算，张帆完成了第三章的主要内容，张帆、王子怡参与了第四章的结果分析及制图，王亚、薛勇、潘雨彤共同完成了第五章，张帆、宋玥完成了第六章的部分制图及撰写工作，张达、宋玥参与了第七章的模型构建及计算，孟丽君、薛勇参与了第八章部分政策建议的撰写，他们为成果的出版提供了极大帮助，在此表示衷心感谢！

本书在理论研究层面，从人口、产业协同视角出发，分析人口、产业发展与水资源环境的匹配性，从而识别京津冀人口、产业结构与水资源环境系统间的矛盾及风险；整合不同水资源环境治理手段和机制，形成符合京津冀地区发展的跨区域水资源环境协同治理机制框架。在技术层面，在辨识京津冀地区水资源环境承载力的基础上，引入绿色发展机制，构建符合京津冀人口、经济、资源、环境可持续发展的高集成人水和谐发展优化模型，开发"混合模拟评价—不确定优化—政策情景分析—多元协同治理"技术路线，为我国跨区域水治理机制设计提供了有利的理论与方法支持。尽管本书试图构建较完善的跨区域水资源环境协同治理的理论分析框架，以及弥补目前相关技术的缺陷，但是囿于笔者学术能力与精力有限，书中尚有不成熟之处，有待于今后进一步深入研究，在此恳请各位专家学者批评指正，我们更期盼本书能为后续深入研究起到抛砖引玉的作用。

作者

2022 年 8 月

目　录

第一章　京津冀人水关系问题及研究现状

第一节　京津冀发展过程中的人水关系与治理问题

一、京津冀协同发展与存在的问题

京津冀地区主要包括北京市、天津市和河北省三个省级行政单位，位于环渤海地区的中心位置，是国家经济发展的重要引擎和参与国际竞争合作的先导区域。自"京津冀协同发展"被提出以来，其已成为国家战略层面的重要发展区域。把京津冀作为一个区域整体统筹规划，努力形成京津冀目标同向、措施一体、优势互补、互利共赢的发展新格局，对实现第二个百年奋斗目标和中华民族伟大复兴中国梦具有重大现实意义和深远的历史意义（《京津冀协同发展报告（2020年）》）。

京津冀协同发展是个大思路、大战略，其核心是疏解北京非首都功能，重点解决产业转移升级、生态环境保护、交通一体化等问题（白彦锋、张维霞，2015）。据2020年国家统计局数据显示，京津冀地区用2.3%（21.5万平方千米）的国土面积，承载了全国8.0%（1.1亿）的人口，并创造了8.4%的国内生产总值（GDP，8.5万亿元）。然而，当下京津冀地区却呈现出北京以第三产业为主、天津以加工制造业等第二产业为主、河北以劳动密集型的传统产业为主的非平衡产业结构。北京以1.6万平方千米的国土面积（占京津冀地区总面积的7.4%），容纳了0.2亿人（占京津冀总人口的18.2%），创造GDP达3.6万亿元，占京津冀地区生产总值的42.4%。北京市作为国家首都，其经济优势和政治优势吸引了大量人口和高新技术企业集聚，然而人口、同质优势企业的过度集聚不仅会影响天津、河北地区经济的良性发展，还会加剧北京市水资源、公共交通网络的承载压力，破坏生态环境和经济持续发展能力。同时，河北省内承接了大量重工业企业和劳动密集型产业的转移，这不仅加快了河北省煤炭、石油、矿石、水资源等自然资源的消耗，还使其生态环境日益恶化，加剧了人与水资源等自然资源之间的矛盾。这一发展模式与《京津冀协同发展规划纲要》中产业转移升级，保护生态资源、环境，促进产业协同发展等观点的设计初衷相背离。

总体来看，京津冀协同发展存在如下问题：①大城市极化效应及虹吸效应导致北京市人口过度聚集。人口过度集聚增加了区域资源环境压力，大城市病凸显，主要表现为人口急剧膨胀、环境污染严重、水资源短缺、交通拥挤、局部住房价格居高不下、供水不足、能源供不应求等问题（孙爽，2015；陆小成，2016；肖金成、马燕坤，2016）。其中，水资源问题是制约经济发展的瓶颈。据2019年水利部数据显示，京津冀地区年均供水量为252.4亿立方米，人均水资源量仅为全国平均水平的1/9；区域污水排放规模与强度远超环境承载力，以致水体污染严重，水环境恶化。②京津冀地区行政壁垒较为明显，市场化程度较低，产业恶性竞争比较明显。北京、天津的集聚效应吸引了大量技术、资金、高素质人才集聚，而河北地区仍以重工业为主，产能滞后，经济发展效率低下。在京津冀三地各自区域内，产业同构现象明显，而京津冀整体区域内产业梯度差距扩大，不良竞争导致资源重复低效使用，造成资源浪费，进一步加大了区域资源环境承载压力，制约了区域产业结构转型升级。③京津冀地区内部发展阶段及管理模式的差异化，增加了区域协同发展的难度。京津冀三地之间发展理念和文化的差异使区域难以打破行政壁垒，难以充分发挥市场优势并形成区域协同发展的合力。此外，京津冀三地之间环境治理及水资源等自然资源管理模式的差异也极易产生环境外部效应，影响区域发展的公平性，从而加剧人与水资源等自然资源之间的矛盾。

1. 人口、经济发展现状

从总量来看，随着经济的迅速发展，京津冀地区总人口自 2000 年起就呈现持续增长趋势，人口吸引力较强；随着经济发展到一定阶段以及区域人口规划出台，2014 年起人口总量增长速度放缓，整个区域人口增长呈现出比较稳定的状态。从结构上看，京津冀三地人口结构受经济发展影响差异较大，京津两地人口密度远高于河北，而其经济发展和集聚水平远高于人口集聚水平；河北的人口与经济整体发展较为一致，人口集聚水平略高于经济集聚水平，与京津两地差异较大。

截至 2018 年年底，京津冀常住总人口为 11270 万人，占全国总人口的 8.08%，常住人口密度为 617 万人/平方千米（见表 1-1）。京津冀总人口增长速度呈现先上升后逐渐稳定的趋势，人口分布不均衡态势日益凸显。

表 1-1　2000—2018 年京津冀人口分布状况

地区 年份	北京		天津		河北		京津冀
	常住人口 （万人）	常住人口密度 （人/平方千米）	常住人口 （万人）	常住人口密度 （人/平方千米）	常住人口 （万人）	常住人口密度 （人/平方千米）	常住人口 （万人）
2000	1364	811	1001	763	6674	353	9039
2001	1385	824	1004	854	6699	355	9088
2002	1423	847	1007	856	6735	357	9165
2003	1456	867	1011	860	6769	359	9237
2004	1493	910	1024	870	6809	361	9325
2005	1538	937	1043	887	6851	363	9432
2006	1601	976	1075	914	6898	365	9574
2007	1676	1021	1115	948	6943	368	9734
2008	1771	1079	1176	1000	6989	370	9936
2009	1860	1133	1228	1044	7034	373	10122
2010	1962	1196	1299	1088	7194	381	10455
2011	2019	1230	1355	1134	7241	384	10615
2012	2069	1261	1413	1183	7288	386	10770

续表

地区 年份	北京		天津		河北		京津冀
	常住人口 （万人）	常住人口密度 （人/平方千米）	常住人口 （万人）	常住人口密度 （人/平方千米）	常住人口 （万人）	常住人口密度 （人/平方千米）	常住人口 （万人）
2013	2115	1289	1472	1232	7333	388	10920
2014	2152	1311	1517	1270	7384	391	11053
2015	2171	1323	1547	1295	7425	393	11143
2016	2173	1324	1562	1308	7470	396	11205
2017	2171	1323	1557	1303	7520	398	11248
2018	2154	1312	1560	1305	7556	400	11270

资料来源：北京、天津、河北统计局。

　　根据增量分析，2000—2010 年京津冀人口规模呈现爆发式增长，从 2000 年的 9039 万到 2009 年的 10122 万，迅速破亿；2010 年以后，城镇化进程加速导致大量劳动力向中心城市聚集，京津冀每年增加的常住人口超百万规模；与此同时，由于受到国家启动多项投资项目和积极引进人才政策鼓励，京津冀城市人口增速进一步加快，且人口高度集聚于核心城市，人口空间分布呈现出高度不均衡态势；而自 2014 年京津冀一体化战略提出后，北京、天津、河北外来人口、常住人口增长速度双双回落，进入新的稳步增长阶段，京津两地 2017 年第一次出现了人口负增长；因产业转移、政策扶持等多因素影响，劳动力多向河北转移，而河北常住人口增速一直较为稳定。总体而言，2000 年之后京津冀人口空间分布主要特点为人口空间分布高度不均衡，常住人口呈现出平稳增长趋势，且人口空间分布高度不均衡化将随着一体化政策得以缓解，但京津冀人口规模还会持续上升。根据预测，2030 年京津冀人口仍将聚集在北京、天津以及张家口、石家庄一带。由于京津冀承载人口规模基础较大，是否超过其本身人口承载力水平仍是目前需要重点关注的问题。

　　京津冀经济增长速度从 2000 年开始，呈现先增后降，并过渡到平稳发展的趋势（见表 1-2）。从产业增长速度来看，2000—2013 年京津冀地区生产总值迅速膨大，从 2000 年京津冀地区生产总值 9959 亿元，占全国的比重为 9.8%，到 2013 年（63377 亿元）增长了将近 6 倍规模，且其 2010 年的生产总值达 44280

亿元水平，占全国的比重为 10.8%。前期发展过快再加上产业结构不合理也影响京津冀后续的发展，京津冀地区生产总值自 2014 年后增长速度开始回落，逐步保持在稳定水平。其中，北京自 2000 年以来，地区生产总值始终呈上升趋势，截至 2018 年年底，服务行业经济贡献率已达到 87.9%，且北京规模以上工业中的高新技术产业以 13.9% 的速度持续快速增长，同比增长 9.3%，经济贡献率已经超过了 60%；大型、中型重点创新企业 R&D 经费的支出已经达到 523.8 亿元；随着工业结构的产业升级优化，规模以上工业的能源消耗已经下降了 2.5%，天然气和电力在其中所占比重超过 70%。天津的新兴服务业和高新技术业的公司营业收入增长速度较快，截至 2018 年，整个服务行业的经济贡献率已经达到了将近 87.2%；规模以上高新技术产业和战略性的新兴服务行业分别以 4.4% 和 3.1% 的速度持续快速增长。自 2010 年以来，河北整个服务行业比重首次超过第二产业，经济贡献率达 65.5%；河北的能源结构也在不断优化，绿色发展效果十分明显。目前，北京、天津两地发展态势迅猛，自身的生产实力不断增强，经济发展水平已经达到较高水平，虽然河北经济总值要比北京和天津两市高，但是其人均产值却有很大的差距；由于其自身经济资源享有率较低，导致其经济发展也受限。

表 1-2　2000—2018 年京津冀地区生产总值

单位：亿元

地区\年份	北京	天津	河北	京津冀
2000	3213	1702	5044	9959
2001	3770	1919	5517	11206
2002	4396	2151	6018	12565
2003	5104	2578	6921	14603
2004	6165	3141	8504	17810
2005	7141	3948	10047	21136
2006	8313	4519	11514	24345
2007	10072	5318	13662	29052

续表

年份 \ 地区	北京	天津	河北	京津冀
2008	11392	6806	16080	34278
2009	12419	7618	17319	37357
2010	14442	9344	20494	44280
2011	16628	11462	24544	52633
2012	18350	13087	26569	58006
2013	20330	14660	28387	63377
2014	21944	15965	29341	67250
2015	23686	16795	29686	70167
2016	25669	17838	31660	75167
2017	28015	18549	34016	80580
2018	30320	18810	36010	85140

资料来源：国家统计局。

从产业结构来看，京津冀均为"三二一"的产业结构，其中，京津的第三产业比较突出，产业专业化程度较高，河北第一产业占比更大，第三产业占比低，但以年份来看，其有逐年上升趋势。具体而言，如图1-1所示，北京的第三产业发展程度较高，而天津在第二、第三产业符合全球经济发展规律的同时，吸纳北京饱和的第一、第二产业资源，用于自身发展。然而，河北地区由于行政划分以及自身产业结构问题，其第三产业至今还没有形成足够的市场规模，经济来源主要通过第一、第二产业提供，这就使得河北地区的经济生产效率明显低于北京和天津。在京津冀一体化背景下，京津冀三地根据城市功能定位加速产业承接转移，区域间经济互动影响逐步增强，三地根据自身社会经济及自然资源特点，发挥各自产业优势，推进区域经济一体化发展，但目前京津冀产业发展仍存在一系列问题：①产业重合度高、产业结构相似性强、产业间互补关联性低，且产业梯度差距大，不利于三地发挥各自优势形成合力；②经济创新及改革动力不足、协同发展路径不清影响经济发展效率；③产能过剩、产业转移演变为污染转移，导致京津冀经济发展与资源环境间的关系更为紧张。因此，亟须出台更为有效的京津冀经济结构调整和协同化战略，以改善以上问题。

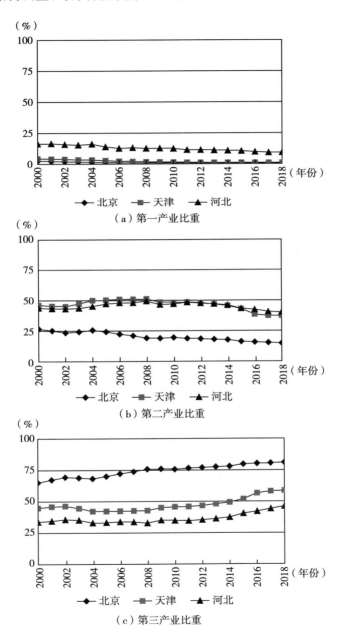

（a）第一产业比重

（b）第二产业比重

（c）第三产业比重

图 1-1　2000—2018 年京津冀产业比重

2. 水资源环境现状

京津冀地处太平洋沿岸，在 16 万平方千米土地面积上，矿产资源等都比较丰富，大部分资源分布较集中且易于开发，且植物种类较多，分布广泛。近年来，京津冀人口快速增长，且城市化进程加速，导致京津冀土地资源状况有所改变，主要体现为林地及耕地面积持续下降，而建设用地比重不断上升（见表 1-3）。例如，北京的耕地面积从 2010 年的 22.38 万公顷下降到 2018 年的 22.09 万公顷，呈现明显减少的趋势；天津的林地面积从 2010 年的 5.62 万公顷下降为 2017 年的 5.47 万公顷，说明随着城市化进程推进，林地、耕地被不断用于城市建设及发展第二、第三产业。这在一定程度上符合京津冀经济发展特征，但是耕地、林地资源过度开发容易导致生态系统受到破坏。因此，在 2014 年京津冀一体化背景下，生态保护成为重要议程，生态用地及林地建设逐步推进，特别是北京地区，生态建设成效明显，林地面积从 2015 年前的小幅度降低，变为 2015 年以后的大幅度增加，截至 2017 年，其林地增加面积为 2010 年的 36.59%。

表 1-3   2010—2018 年京津冀土地利用情况

单位：万公顷

类型 年份	北京			天津			河北		
	耕地	林地	建设用地	耕地	林地	建设用地	耕地	林地	建设用地
2010	22.38	74.20	29.08	44.37	5.62	38.82	655.14	368.30	15.72
2011	22.20	74.07	29.51	44.07	5.58	39.46	656.50	—	16.25
2012	22.09	73.96	29.78	43.93	5.56	39.99	655.83	463.19	16.09
2013	22.12	73.80	30.08	43.93	5.57	39.99	655.12	—	16.52
2014	21.99	73.75	30.29	43.83	5.53	40.59	653.55	—	17.19
2015	21.93	73.71	30.44	43.72	5.51	40.93	652.55	368.16	18.16
2016	21.63	73.97	30.66	43.69	5.48	41.44	652.05	—	19.45
2017	22.09	101.35	36.02	43.68	5.47	41.73	651.89	718.08	22.42
2018	22.09	107.10	—	43.93	20.39	—	655.83	775.64	—

资料来源：北京、天津、河北统计局。

另外，随着京津冀协同发展，三地水资源总量也在不断变化（见图 1-2）。

从降水量来看，京津冀地区常年降水不足，少有充沛年份；从水资源总量来看，供求缺口已导致其人均水量远低于警戒水平；从人为工程建设来看，虽然能短期改善供水压力，但是高强度开发将制约京津冀的可持续发展。目前，京津冀水资源主要呈现以下特征：

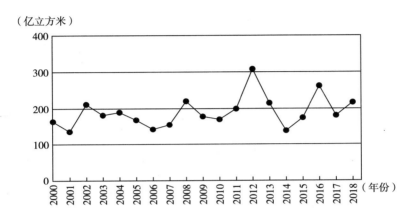

图 1-2　2000—2018 年京津冀水资源总量变化

水资源受自然因素影响较大，水资源时空分布不均，特别是在全球气候变化背景下，京津冀近 10 年来极端水文现象频发。例如，2012 年北京"7·21"特大暴雨，房山区河北镇的最大降雨点高达 460 毫米，暴雨引发的山洪、泥石流导致 79 人遇难，经济损失近百亿元；2016 年，降水量也创历史纪录。2010—2018年，除了 2012 年、2016 年水量充沛以外，其他年份京津冀降雨均属于较少的状况，可用水资源总量明显不足。

对比全国水资源总量，京津冀人均水资源量仍显匮乏，供求缺口已导致人均水量远低于全国水平（见表 1-4）。2010—2018 年，京津冀人均水资源量呈现动态变化，从 2010 年的人均水资源量不足 200 立方米/年，到 2018 年的人均水资源量不足 300 立方米/年，始终低于全国水平。2018 年，北京平均降水量为 590毫米，与 2010 年相比，降水较为丰沛。南水北调工程在很大程度上缓解了北京的供水不足情况，但是从供需关系来看，由于人口急剧增加、经济发展，北京需水量为 39.30 亿立方米,而可供水资源总量为 35.46 亿立方米,缺水赤字达到 3.84 亿立方米,缺水率达到 9.77%,属于重度缺水城市。相对于北京而言,天津缺水情况更为严重,天津 2018 年平均降水量为 581.80 毫米,与 2010 年相比,虽变化不大,但由于经济发展水需求量剧增(达到 28.42 亿立方米),相比可用水资源总量(17.58 亿立方米),缺水率达到 38.14%,属于严重缺水城市。河北面积广、人口多,无论是人均水资源量,还是亩均水资源量都十分有限,水资源严重不足。2018 年,河北平均降水量为 507.60 毫米,整个城市的水资源总量为 164.04 亿立方米,全省总需水量为 182.42 亿立方米,水资源消耗大,总量严重不足。合理利用京津冀水资源量,是当前水资源保护的主要问题。

表 1-4　2010—2018 年京津冀人均水资源量

单位:立方米/人

地区 年份	北京	天津	河北	全国
2010	120.8	70.8	192.0	2310.4
2011	134.7	113.5	217.0	1730.2
2012	193.3	233.0	323.0	2186.2
2013	118.6	145.8	240.0	2059.7
2014	94.9	111.8	144.0	1998.6
2015	123.8	124.8	182.0	2039.2
2016	161.4	121.1	279.0	2354.9
2017	137.1	83.6	184.0	2074.5
2018	164.2	112.9	217.7	1971.8

资料来源:北京、天津、河北统计局。

人为水利工程(如南水北调及地下水补给)虽然能短期改善供水压力,但是高强度开发将制约京津冀的可持续发展。2000—2013 年,京津冀通过地下水开采和水利工程建设已缓解短期缺水状况,但工程增水量并不足以供应增长的水需求,人均水资源量不升反降;2014 年以来,京津冀水资源总量总体处于低位,但用水需求不断增加,水资源承载能力已明显超过警戒线,生活用水供应和工农业生产用水供应造成的不利风险比以往任何时候都更加突出（王桥、刘洪斌，2018）。由于区域水资源开发利用强度一致较高（属于超负荷开发利用），因此其将影响区域的可持续发展。

与此同时，京津冀水污染严重，导致可用水量持续萎缩，加剧了水资源危机。一方面，北京及河北的污水排放量增长迅猛，但污水处理能力明显不足（如污水处理不足、处理效率低下）、环保意识弱、政府投入及治理不足，导致京津冀水环境压力巨大。例如，2010—2018 年，北京污水排放量从 14.2 亿吨上升到 20.4 亿吨，增长率为 43.66%；河北作为全国占据污染城市较多的省份，废污水排放量从 19.7 亿吨增长到了将近 32 亿吨（增长率为 62.44%）。另一方面，随着城市经济社会发展和人口膨胀，京津冀水污染越发严重，废水排放量连年走高，水污染情况不容乐观（见图 1-3）。2018 年，京、津、冀域内地表水劣 V 类水比例分别为 21.0%、25.0%、20.3%，劣质水占比高，水质不达标情况严重，分别比全国平均水平 6.7% 高出 14.3 个百分点、18.3 个百分点、13.6 个百分点；2018 年海河流域为中度污染，是我国水污染较严重的流域之一，劣 V 类水占 20.0%，比全国流域的 6.9% 高出 13.1 个百分点。此外，在断流方面，京津冀区

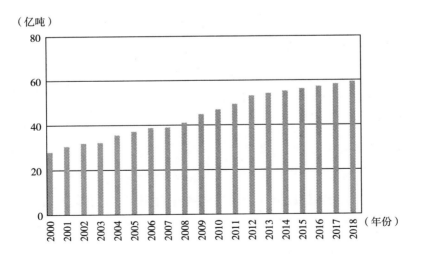

图 1-3 2000—2018 年京津冀废水排放量

域全年河流枯竭现象的百分比约为70%，长期依靠生态补水维持的湿地有七里海、白洋淀等（迟妍妍等，2019），京津冀河道生态基流小，水体自净能力差，加之域内企业排污造成京津冀水体污染严重（郭珉媛等，2019），这也制约了京津冀地区协同可持续发展。

二、京津冀水资源危机与应对

1. 京津冀水资源危机

（1）水资源缺乏与水涵养压力大，导致水资源综合承载力低下。

目前，京津冀水资源时空分布不均、总规模不足、供需关系失衡等原因造成区域处于极度缺水状态，无法适配社会经济发展。城市化进程导致下垫面被破坏，严重影响土壤调蓄能力，同时对水资源的过度开发利用导致水土流失、地下水位降低、污染排放过度等问题，区域水资源危机加剧。水涵养是缓解目前水资源危机与生态问题的重要手段，其可以通过区域蓄积、植被恢复、增加植被截流作用和下渗作用，降低河流的水流强度，从而提升区域的水资源综合承载力。然而目前来看，京津冀水涵养压力依旧较大：一方面，要从有限的可用水量中调出大量生态用水，需要三地协同发力，而如需外部调水，则需要大量资金投入，并协调好水源地的补偿问题；另一方面，由于过去多年地下水超采导致京津冀地区已成为华北"地下水降落漏斗"，想要实现水涵养也十分困难（徐鹤，2013）。因此，要从本质上改变京津冀的水资源综合承载力，仍然需要很长的时间。

（2）人口聚集与水资源分布不均，导致水资源缺口增大，地下水超采问题加剧。

目前京津冀人口呈现高度聚集且分布不均的状况，中心城市人口密集导致供需矛盾尖锐，周边区域人口聚集与区域水资源分布不匹配，总体人均水量严重不足。京津冀人均水资源量近10年来呈现连续下降态势，这种趋势在2015年南水北调工程正式开通后有所缓解，但人均水资源量仍然远低于国际标准（人均水资源量2000立方米/人）。目前，北京、天津和河北的人均水资源量为150立方米/人、110立方米/人和200立方米/人，仅约为全国平均水平的1/9，缺水情况严峻。

与此同时，城市化进程中人口膨胀、经济发展导致水资源供需缺口增大，加剧了地下水开发利用，地下水超采现象严重（见图1-4）。目前，京津冀人口基数大，且增速快，北京2018年用水总量已经上升到了39.3亿立方米，相比2010年的35.2亿立方米，上升4.1亿立方米，水缺口约12亿立方米；天津近年来用水总量呈现出先上升后下降再小幅回升的态势，2018年用水量已经达到了28.4亿立方米，多年用水缺口约11亿立方米；河北近年用水总量处于先上升后下降的趋势，2018年用水总量为182.4亿立方米，用水缺口高达50亿立方米。在此情况下，各地提高了对地下水开采的频率及力度，三地地下水开采占比最高分别达74.80%、41.88%和80.49%，特别是河北，农业对地下水依赖程度高，地下水超采导致地下水位持续下降、地面沉降、海水入侵、地下水质污染、生态环境恶化等问题。

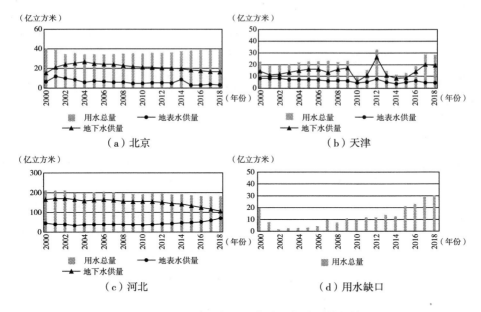

图1-4　2000—2018年京津冀地区水资源供需情况

（3）城市间经济发展不平衡及管理方式差异，导致水资源利用效率异质性大。

京津冀三地水资源禀赋受到自然条件影响，差异性较大。与此同时，其也受到区域经济发展、管理规划影响，导致水资源利用效率异质性大。目前，京津冀中河北的水资源拥有量明显优于京津两地，但由于三地经济发展不均衡（第一产业占比方面，河北远高于京津两地；第二产业占比方面，天津、河北均高于北京；第三产业占比方面，北京明显高于津冀两地），区域间产业耗水方式、用水结构、用水效率也存在较大的差异。与此同时，由于京津冀三地治理能力及管理思路不同，节水技术及节水意识存在明显差距。从空间分布来看，廊坊、保定、沧州、衡水和天津是年均用水效率较高的城市，年均用水效率均高于0.80，秦皇岛和张家口市是年均用水效率较低的城市，年均用水效率值均不足0.60；在产业用水分布方面，不同产业的用水效率差距很大，最低的是第一产业，第三产业最高（刘洋、李丽娟，2019）。虽然京津两市节水技术和灌溉技术水平较高，但是由于农业和工业用水过程中有较多劳动力和水资源量投入，导致投入产出效率较低（张偲葭，2016；秦亚玲，2017）。总体而言，京津冀整体用水方式落后，生活用水没有集约利用、工业用水设施落后、农业耕作制度粗放，导致其水资源利用效率与其水资源严峻形势极其不匹配，而且区域经济发展不平衡及管理方式差异加大了水资源利用效率异质性，因此，一体化发展及协同治理仍是提高区域水资源利用效率的关键（王浩等，2015）。

（4）污染排放总量、强度双超标，导致环境恶化。

京津冀地区地表水污染严重，不仅体现在总量上，还体现在排放强度上。2000—2018年，京津冀废水排量以平均5%的比例逐年增多，水质监测结果逐年恶化。工业化加剧了工业污染的排放强度，工业固体废弃物如重金属通过受污染的土壤间接污染地下水和地表径流水资源。与此同时，由于农业用水占比依然很大，且农业用水效率低下，加之耕作模式粗放、不合理施肥，因此导致了水污染加剧。目前，京津冀不达标水质占比较大（见图1-5）。从三地各河流水质来看，2018年，北京的Ⅱ、Ⅲ、Ⅳ、Ⅴ以及劣Ⅴ类水质占比分别为48%、14%、6%、17%以及16%，天津的Ⅱ、Ⅲ、Ⅳ、Ⅴ以及劣Ⅴ类水质占比分别为13%、11%、27%、10%以及39%。虽然相比于2010年整体有所改善，但是水体质量仍然很差，其中大部分来源于有机污染。值得注意的是，因京津的部分污染企业转移到了河北，河北的水环境反受其害。

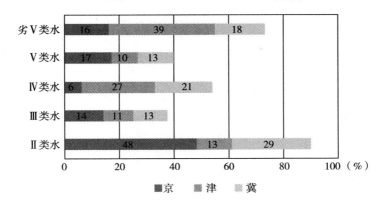

图 1-5　2018 年京津冀水质情况

（5）协同化加剧污染转移而生态补偿不足，导致较不发达地区面临更大压力。

京津冀一体化背景下，疏解北京非首都功能的关键解决方式离不开产业转移（林恩全，2013），被转移产业大多为高污染、高能耗、高劳动密集型且不符合北京未来发展方向的产业。与此同时，天津产业结构也有所调整，在承接北京疏解产业的同时，也将城市原有高污染企业迁移到较不发达地区。由于产业承接过程中，产业只实现了转移而并非升级，导致高污产业直接转向较不发达地区，而较不发达地区污水处理技术及能力、管理能力有限，直接造成水污染问题加剧。在此格局下，京津冀呈现出点源污染与面源污染并存的特点，且水环境呈现出区域性、复合性特征，地区污染物排放量远超环境容量，特别是较不发达地区排放强度和总量严重超载，导致河道水、地下水，甚至饮用水水源地的水质都受到不同程度的污染，其治理成本及难度都不容忽视（田佩芳，2017；周潮洪、张凯，2019）。虽然现阶段京津冀也构建了一系列生态补偿框架，但是由于实施过程中存在横向壁垒、制度缺失、补偿标准难确立、补偿方式单一等问题，导致补偿效果及生态效应并不理想，并不能在短时期内迅速解决地区间的污染转移问题（陶红茹、马佳腾，2019）。

2. 应对

面对严重的水资源短缺问题，北京、天津和河北三地纷纷采取了应对措施，这些措施在一定程度上对当前京津冀的水资源环境问题起了很大作用。首先，北京坚持城乡一体，共同实行流域管理，积极进行水污染防治，合理开发水资源；建立河长制，分级分段组织领导水资源治理和防护；实行目标责任制和考核评价，完善监督体系，设立监督员共同协助开展水污染防治工作等。其次，天津近年来加大了水污染防治的财政投入，并且积极鼓励并引导企业、社会共同进入水污染防治领域；提高水污染防治技术，将城镇排水、污水处理统一集中管理；建立河长制、湖长制，鼓励并引导水污染防治科学技术的研究，加强节水环保的宣传教育。最后，河北积极建立完善水污染防治法，及时采取措施改善水生态，同北京、天津一样，河北积极保护饮用水，清洁饮用水源头，控制减少污染，积极推进生态治理和修复；在国家的支持下，纳入多种资金合作模式，以支持水污染防治工程及项目的实施；积极宣传水污染防治与节约用水知识，增强居民爱水护水的意识等。与此同时，在京津冀一体化背景下，三地也共同配合加强水资源环境联合治理，如实行京津冀水污染联防联控机制以及水源地环境保护专项行动，设立水污染防治协调部门，建立环境准入、退出机制以及三地河长联系制度和横向（省际）生态补偿机制等。

在立法执法方面，京津冀三地编制《京津冀区域环境污染防治条例》，涉及大气、水、土壤和固废等方面，较全面地将这些要素联系起来，统一区域环境准入门槛（郭炜煜，2016）；三地为构建和谐生态，通过《京津冀地区生态环境保护整体方案》统一三地污染排放标准；为了配合开展工作，河北随即编制《河北省建设京津冀生态环境支撑区规划》以实现与京津规划紧密结合和有机统一。在环境联合执法方面，2015 年《京津冀环境执法联动工作机制》由京津冀环保部门正式启动，并于 2016 年建立了跨区域环境联合执法工作制度，实现了人员调配、执法时间、执法重点三统一（姜瑞青，2016）。

在应对突发水污染方面，京津冀三地多次组织水环境污染突发事件的联防、联控、联动"三联"工作部署和应急演练，并于 2018 年发布了《京津冀重点流域突发水环境污染事件应急预案（凤河—龙河流域）》，意在紧急治理突发水污染，集中整治"散乱污"工业企业，起到有效预防与处置跨界水污染突发事故的作用（郭珉媛等，2019）。与此同时，三地联合执法联动行动有力震慑了环境违法行为，遏制环境污染事件发生初见成效。

在生态补偿机制方面，北京于 2015 年颁布实施《北京市水环境区域补偿办法（试行）》，力求在 2020 年实现重点领域和重要区域生态保护补偿全覆盖。为保证法规落地，京冀两地以密云水库水源涵养区为试点，实施生态补偿机制，并取得积极进展（任毅，2016）。与此同时，京津冀还通过多资金渠道合作，支持推进流域生态补偿，引滦入津水质明显改善，引滦入津水质部分指标已达 II 类标准，均达到或好于 III 类水质目标要求（杨志、牛桂敏，2019）。

在流域综合治理方面，联合立法、协同治污、统一标准、统一规划、统一监测等十个方面被认定为京津冀城市群的核心突破口，联防联控，共同改善区域水生态环境状况，成效显著（牛桂敏等，2019）。2017 年以来，京津冀针对永定河、北运河等重点河流，召开水环境保护会议，并于 2017 年启动《永定河综合治理与生态修复总体方案》（郭珉媛等，2019）。京津冀持续加大海河、官厅水库、滦河和衡水湖等重点流域湿地综合整治和生态修复力度，永定新河、北运河等重点河流的整治工程已取得显著成效（杨志、牛桂敏，2019）。这些措施在一定程度上对当前京津冀的水环境治理起了很大的作用，重要水功能区的水质得到了一定的改善（田佩芳，2017）。

在建设生态水源工程方面，目前京冀生态水源保护林累计合作造林 80 万亩，并开展了生态效益成效监测。当前的生态水源保护林建设已明显提高了密云水库上游集水区、官厅水库周边区域涵养水源、水土保持的能力（马蕴、何建勇，2018）。同时，京津冀打造生态修复环境改善示范区，开展重点生态廊道建设和荒山绿化工程，启动京津保森林湿地建设和景观生态林合作项目。以上举措势必缓解京津冀地区紧张的水资源情况。

在推行"河长制"方面，天津最早在 2013 年 1 月就积极尝试推行、改进"河长制"；2015 年初，北京在海淀区湿地也开展了"河长制"试点（赵娜等，2019）；三地充分结合外省市经验，于 2017 年分别出台了《北京市进一步全面推进河长制工作方案》《天津市关于全面推进河长制实施意见》《河北省实行河长制工作方案》。自 2013 年推行"河长制"以来，成果比较显著，水量水质得到明显改善。

然而，京津冀水资源危机不是单纯的环境治理问题，其是京津冀发展过程中人为活动与资源环境之间的矛盾与博弈，不仅需要多方面的水资源环境协同治理合作，更需要从人的社会、经济活动方面来进行调整，优化人与水的相互关系，才能促进京津冀可持续发展。

第二节　问题提出与研究必要性

一、问题提出

党的十六届三中全会以后，京津冀发展问题已经成为党和国家突出的战略性问题，但目前京津冀一体化进程中，人水关系仍存在一系列问题和矛盾。特别是近年来，随着人口的持续增加、产业的快速发展，京津冀的各种资源不断被消耗以至于出现诸多矛盾，使得京津冀的可持续发展面临巨大的挑战。2014年3月5日，李克强总理在政府工作报告中指出，随着京津冀一体化战略的推进，传统人口、产业增长模式下的水资源消耗、污染排放与区域水资源环境系统间的矛盾日益加剧。一方面，中心城市人口密集、产业发展速度过快引发了诸如水资源紧缺、产能过剩、水环境恶化等"大城市病"；另一方面，周边区域缺乏人口吸引力、产业结构落后导致水资源利用率低下、污染排放过度等问题。与此同时，气候变化、水生态破坏、人口膨胀、城市化推进、工业化加速等因素加剧了京津冀水资源危机。目前，京津冀地区作为典型缺水区域，人均水资源量已远低于国际警戒线；区域排放规模与强度已远超环境承载力，水体污染严重，水环境恶化。水资源环境压力已成为制约京津冀可持续发展的重要障碍。

因此，通过人口调控、产业转型、产能排放控制，修复京津冀脆弱的水资源环境系统，以绿色转型实现人水和谐，把生态文明建设摆在突出地位，实现京津冀经济社会和水资源环境协同共进，已成为国家战略层面上的重大问题。

二、研究的必要性

1. 京津冀一体化及城市功能定位带来新的人水格局及挑战

2015 年 4 月 30 日《京津冀协同发展规划纲要》明确了京津冀的整体定位，并提出在协同发展战略下，要以京津冀建设为载体，优化区域分工和产业布局，通过区域协作来加速产业对接及生态环境保护，以缓解首都人口集聚压力并促进承接地资源要素的空间统筹规划（陈彦策，2016）。与此同时，京津冀的人水格局也将面临新的挑战，京津冀地区水资源约束很强，水资源总量不足，开发利用过度，区域人口密集、产业聚集，用水排水带来的水污染物排放聚化效应突出，由此带来的如河道断流、湿地萎缩、地下水位下降、水体严重污染、地下水漏斗成片、土地退化等问题加剧了区域水资源压力，人水关系日益紧张。此外，京津冀一体化背景下产业承接转移带来的污染物转移，承接地下水资源污染指数也保持在高位，其直接增加了京津冀整体水环境协同治理的难度。综上所述，如何兼顾产业布局、水环境治理和水资源配置将成为京津冀人水关系面临的重大挑战。

2. 京津冀水资源与环境的整体性为跨区域协同治理提供了自然基础

水资源环境是公共资源，具有外部性特征，而水在区域间又是流动的，具有空间外延性特点，这意味着京津冀的水资源环境问题是一个整体性问题，单一城市无法通过自身努力实现对环境污染的高效治理。因此，京津冀地区的水资源环境问题，是一个涉及区域内各部门、各地政府的问题。目前，京津冀地区水资源环境治理往往被行政区划分割，而水资源环境自然特征往往通过流域来体现，两者之间存在差异，且不同城市各自为政，缺乏有效的统筹协调，这使得缺水及环境污染问题迟迟得不到改善。因此，京津冀作为一个生态整体，水资源的流动性和环境的跨域性决定了治理上的一体化，突破行政分割和地方保护，为京津冀跨区域协同治理提供了自然基础（底志欣，2017）。

3. 目前京津冀水资源环境治理水平、执行标准不统一，有悖整体性特征

目前，京津冀虽已初步开展水资源环境协同治理，但实际协同行动很难达到高效、有序（郑云辰，2019）。一方面，现阶段京津冀水资源环境治理水平还处

于较低位置，水资源利用效率不高，水资源环境改善程度还有待提高（陈新明，2018）；另一方面，三地发展阶段的差异性使得京津冀在环保执法标准、排污标准、产品准入标准等方面均存在明显异质性，缺乏信息平台整合相关解读、评级、认证等服务，以及缺乏足够的公众监督（梁增强，2014）。目前，京津冀三地虽已经制定了较为统一的污染排放标准，但其排放指标、收费标准、执行程度仍有较大差异，这使得重点流域水污染防治工作虽然取得成效，但是部分区域仍存在着排放不达标等现象，致使整体水污染指标未达到预期，违背了京津冀协同治理水资源环境的整体性要求，客观上不利于京津冀水资源环境的有效协同治理。因此，协同、统一区域环保标准是推动京津冀水资源环境有效协同治理的关键因素。

4. 缺乏顶层设计及制度保障为跨区域水资源环境可持续发展提供战略保障和政策支持

自 2014 年协同化发展战略提出以来，京津冀在水资源环境协同治理方面，对之前京津冀各城市"自行定位、自行发展、各自为战"的发展模式进行了矫正，但依然缺乏顶层设计和相关的制度保障，配套绿色发展的金融模式、具体实施规则、部门协调机制、统计口径均尚未完备（连季婷，2015；底志欣，2017）。截至 2019 年年底，针对京津冀跨区域水资源环境可持续发展，仍缺乏一整套完善、可行的顶层框架体系，制度之间的关联性及协同度也有待提升，这势必阻碍京津冀水资源环境的协同治理。因此，有必要完善顶层设计框架，统筹推动京津冀区域水资源环境的协作机制和运行机制，真正提升跨区域水资源环境治理的有效性（郭炜煜，2016）。

5. 京津冀绿色发展动力不足导致协同治理缺乏长效机制

绿色发展是以节约资源和保护环境为特征的发展进程（谷树忠等，2016）。加快绿色发展需要三大动力：一是推动力，政府部门通过产业政策、环境管理、司法管制、政治约束等方式对经济发展进行灵活有效的环境管制；二是拉动力，完善的市场机制对绿色经济发展给予激励和引导；三是行动力，企业和社会主体等经济体需要在一定的绿色创新能力和绿色发展意识影响下进行与之相匹配的行为及行动。从长远看，绿色发展机制能够建立并形成人口、经济、自然与社会协调一体的长效交互机制，是实现京津冀水资源环境协同治理的基石，但现阶段京津冀绿色发展三大动力明显不足。具体而言，第一，从推动力来看，京津冀推进绿色发展的内在逻辑是依靠政府部门对各种参与主体施加行政约束，以从严从紧的环境管制推进经济体的效能改善，但目前政府部门过度使用行政手段且偏重于强制性节能方案，会造成政府与用能主体的利益谅解和协调程度不足，这将不利于绿色经济的长效可持续发展。第二，从拉动力来看，市场机制的不完备与职能界定的不清晰也会导致绿色发展激励不足，目前京津冀尚缺乏节能市场服务规范与相应的配套措施，能源服务的标准、对象、准入制度等尚未明确，能源审计与能源评价工作定位尚不清晰，其属于市场职能还是政府职能存在争议，这些问题都将直接导致市场驱动力不足，无法完全发挥资源配置的决定性作用。第三，从行动力来看，一方面，企业和社会经济体为追求绿色发展，导致成本上升且无法用额外收益来弥补，这就意味着企业不会自发、自愿地实施绿色发展策略，创新活力激发动力不足；另一方面，随着生活水平的提高及公民消费能力的提升而出现的攀比、炫耀、浪费等行为滋长，严重危害着生态环境的改善，与公民绿色发展意识与行为提升的要求格格不入。综上所述，目前，京津冀绿色发展动力不足是因为各主体发力不足、驱动不足，因此，三地需要从政府和市场、企业和公民共同参与角度出发，形成合力，建立京津冀绿色发展协同治理长效机制。

第三节　国内外研究现状

一、人口、产业和水资源环境的协调性

1. 相关基础理论

（1）环境库兹涅茨曲线理论。

环境库兹涅茨曲线（Environmental Kuznets Curve，EKC）理论揭示的是资源环境质量与经济收入发展之间的关系，20 世纪 90 年代初，很多学者在研究资源

环境与经济发展时，发现两者存在倒"U"形关系（Kuznets，1955；Crossman and Krueger，1991；Shanfik，1992；Hettige，1999）。国内外学者将环境库兹涅茨曲线理论运用于人类活动与水资源环境之间的关系中，许多学者通过环境库兹涅茨曲线分析了洪水冲击、用水效率、水足迹、用水结构与经济发展的关系，均得以验证（Goklany，2002；孙振宇、李华友，2005；刘玉龙等，2008；王小军等，2009；Apergis and Ozturk，2015）。例如，周阳靖（2014）运用环境库兹涅茨曲线理论分析 1970—2011 年全国洪涝灾区、干旱灾区、总灾区与人均 GDP 的关系发现：洪水是影响我国经济发展特别是区域经济发展的重要因素；马骏和颜秉姝（2016）运用环境库兹涅茨曲线并结合面板数据分析了中国三大地区经济发展与用水效率的关系，发现了东北及东部、中西部、远西部依次形成倒"N"形、倒"N"形和"U"形的变化趋势；樊胜岳和麻亮亮（2016）运用环境库兹涅茨曲线结合水足迹相关指数进行分析发现，我国存在资源利用的不可持续性问题；曹飞（2017）运用空间环境库兹涅茨面板模型分析中国省域城镇化与用水结构之间的关系，并解释了用水比重及用水强度的倒"N"形曲线及"N"形曲线趋势。通过研究发现，经济活动都会对洪涝灾区、干旱区、农业产区的水资源环境造成一定程度的影响，当经济活动使收入增加时，水资源环境会面临被破坏的风险，而当收入进一步增加时，人类将会采取除经济活动外的其他活动来对水资源环境进行保护和改善，以保持人类与环境的和谐稳态以及人水系统的持续发展。

（2）人水系统理论。

人水系统理论将系统科学引入人类活动与水资源环境的互动中，其研究对象是人水关系，通过全面、深入认识人水关系和处理好人水关系，来缓解水资源短缺、生态环境不断恶化等问题（Syvitski et al.，2005；李少华等，2007；Kummu，2009；Zeng et al.，2017）。由于人类社会发展与自然生态系统间的互动极为复杂，因此，20 世纪 70 年代，生态学家 Holling 提出了人类—自然复杂适应系统，并深入分析系统内部社会经济活动引发的生态系统动态演化机制（Holling，2001），由此拉开人水相互联系的跨学科研究（Liu，2003；Simmons et al.，2007；Wang et al.，2011）。此后，许多学者也提出了新的人水系统理论，如左其亭和毛翠翠（2012）将人水关系融入人水耦合系统中，并对其调控机理、和谐机制进行了研究；王浩等（2011）提出流域"自然—社会"二元演变的水循环是导致近年来水危机的原因，必须关注高强度人类活动干扰下的流域水循环与水资源演变的内在机理及其规律；Fischer 等（2015）提出社会—生态系统概念，并建议采用绿色方法论促进区域的可持续发展；Zeng 等（2017）也提出通过水资源规划及湿地规划协调区域的人水关系。目前，将人水置于同一系统，探索其互动响应关系已经成为研究人类活动与水资源环境关系的一种重要方法，但由于人水耦合系统中扰动因素（涉及人为因素、自然因素）较多，且表现为不同形式、结果的扰动，因此其将会导致人水关系失衡，并使系统存在崩溃的危险。

人水系统是典型的复杂巨系统，涉及因素众多，其组成要素及子系统（水系统和人文系统）之间的互动也极其复杂，因此许多学者从多个角度对人水系统中自然、社会、政府以及市场因素的交互作用展开研究。比如李耀懿（2004）从水系统角度出发，构建由流域人、流域水和流域社会现实组成的开放、线性与非线性共存复杂人水系统，通过整体的自催化、交叉催化进而实现两个系统的共同发展；余达淮等（2008）从人水和谐角度出发，提出人水和谐发展是人水系统得以运行的根本价值所在；A. J. M.（Lida）Schelwald-van der Kley 和 Linda Reijerkerk（2009）从政府管理角度出发，重视政府带来的水资源规划管理和应灾体系建设，积极与公众互补合作，建立虚拟水交易市场以实现人水系统的持续发展；Canisfeld（2010）从人水文化角度出发，提出水与人类的信仰、合作以及权利密不可分，文化在可持续水利用和管理中承担着重要角色；Norman 等（2012）从社会交互角度出发，强调社会、政治、经济、文化及其交互关系在构成水文系统中的影响，体现出与水相关的权利、政治和治理重要性；左其亭（2019）从工程技术角度出发，强调水利工程建设、农村水利建设、水资源综合规划、河长制实施等人类活动影响区域水文过程和生态环境。

同时，为了更好地处理人水系统之间的交互关系，许多学者提出针对人水系统进行综合整体治理的管理方法：其一，从政府层面来看，建构水资源可持续利用的总体思路，依次对经济管理—水环境保护—水资源开发利用—水资源的政策和法规进行系统管理（梁吉义，2005）；其二，从社会层面来看，运用社会水循环与自然水循环的耦合与作用机制，解决人水和谐问题，重点关注用水配置、蓝水—绿水—虚拟水安全、水生态保护、节水减排、循环经济、水环境治理等问题，并结合不同学科研究视角，理解并预测人水系统的未来共同演进，同时通过整合现有科学理论和方法解决可持续问题（王浩等，2011；Sivapalan et al.，2012，Evers et al.，2017）；其三，从个人层面来看，分析区域个人用水方式对水系统、水生生态系统及生物多样性所产生的主要人水矛盾及其后果，提出可持续性的用水方式（Lake，2007；蔡莉，2017）。目前，针对人水系统的研究已经自成体系，学者们分别从宏观、微观层面对系统机理及交互作用开展研究，其涉及多学科交叉，但如何解决人水矛盾问题仍是研究的重点和难点，促进人水发展协调性、提升发展方式绿色程度是解决问题的关键。

（3）绿色发展理论。

绿色发展就是要转变经济发展模式，实现从"黑色发展"到"绿色发展"，其实质是实现环境与经济的可持续发展，强调质量效益和环境保护合一。绿色发展理论的前提是经济系统、自然系统和社会系统的共生性，由此也决定了系统间复杂的交互作用，既有正向的交互机制（良性循环），也有负向的交互机制（恶性循环）（黄人杰，2014；赵领娣等，2016；刘保国、张宏莉，2018）。

综观国内外学者对绿色发展理论的研究，其都经历了不断探索的过程，学者对绿色发展的概念、内涵、实践的手段与方法等进行了探索。研究内容主要涵盖以下五个方面：其一，关于实现绿色发展的原因，主要是对环境保护的不断关注，许多学者深刻认识到社会经济发展对生态环境带来的压力与危害，所以从地质环境、唯物角度、法律制度以及政策实施等方面提出绿色发展模式（吴泽，1950；于光远等，1980；Kim et al.，1997；Zhou，2012）。其二，对绿色发展内涵和内容的研究。从内涵来看，绿色发展理念的核心是以符合生态需要的方式改造外部自然，是经济、社会、生态三位一体的新型发展道路。从内容来看，绿色发展理论内容的发展是以服务实践为目的，立足于国情不断进行内容发展与创新（张凯，2011；胡鞍钢，2012；Sastry，2013；张治忠，2014；庄友刚，2016；孙琳惠，2019）。其三，对绿色发展实践方法和路径的研究。其主要聚焦于经济改革、产业转型升级、生产生活方式变革以及生态环保制度建设等（李业俊、司婕，2007；张昌勇，2011；Cheremukhin et al.，2013；李晓西、王佳宁，2018；

潘家华，2018；秦书生、胡楠，2017；刘湘溶，2018）。其四，对绿色发展应对的机遇与挑战的研究。从机遇来看，绿色发展顺应时代潮流，在经济全球化发展之际，也在进行绿色发展的全球化。从挑战来看，环境高压、体制架构欠缺、科技创新能力有限、绿色价值体系未创立及外部压力等都是绿色建设历程中难以避免的挑战（曹东等，2012；方世南，2016）。其五，对绿色发展的实证检验与研究。选取相应绿色发展指标构建 DEA 模型，对所研究地区的绿色发展情况进行全方位评测，以寻求相适应的绿色发展路径（孙才志、闫冬，2008；陈静，2015；Yao et al.，2018；Wang et al.，2018；马志帅，2019）。

2. 人口、产业与水资源环境的关系

（1）人口与水资源环境的关系。

人口与资源环境关系的研究最早可追溯至 1798 年的马尔萨斯《人口学原理》，其提出了"人口陷阱理论"，即如果没有限制，人口呈指数速率增长。在此背景下，人口与资源环境之间的矛盾会不断加剧。

水资源环境长久以来一直是制约人口增长、经济发展的重要瓶颈因素，由于水资源环境的时空分布与人口、经济分布不能完全匹配，所以导致人口与水资源环境关系备受关注。这可以总结为以下两个热点问题：其一，人口规模与水资源环境的交互影响。一方面，人口增长会增加水资源需求，带来供水压力剧增，同时人口增长也会带来负向的水环境影响（Buytaert and De Biévre，2012；吴瑛，2013；程涵等，2017）；另一方面，为缓解水资源环境压力，人口聚集带来的规模效应能够有效减少水资源的相对需求增量，当人口继续增长时，为缓解水资源压力就应提高水资源使用率或提高污水处理技术，全面鼓励发展新方法、新技术以解决水资源短缺问题（Julian，1998；Ester，2005；童玉芬、李铮，2012；赵恭，2016；梁星，2013）。其二，人口结构分布对水资源环境的作用与影响。在性别组成中，女性的用水量大于男性；在年龄结构中，年龄增长有利于保护水资源、降低用水量；在人口分布中，人口分散分布能够在一定程度上缓解水资源环境的压力，但对于城市水网建设和水循环系统要求较高（俞扬勇，2013）；在城乡构成中，城镇人口比重与水资源总量呈正相关关系，也就是说城镇化水平的提高也带来了居民生活用水强度的提升（任志安、张世娟，2016）。总体来看，人口对水资源环境的影响具有明显特征，人口规模对水资源环境具有双向影响，人口结构中，性别、年龄、空间以及城乡结构均会对水资源环境产生不同程度的影响。

（2）产业与水资源环境的关系。

水资源是生产的重要要素，社会生产发展与产业升级都离不开水资源的支撑和保障。为实现水资源环境约束下经济健康、持续发展，国内外学者对两者之间的关系也做了大量的研究与探讨。其一，水资源环境制约下的产业转型与结构调整。在充分分析既定水资源环境条件下的工业发展和供水之间问题的基础上，建立相互优化的用水模型以推进产业结构改革，平衡 GDP 发展与用水之间的矛盾，减少对第一产业和第二产业中高耗水行业发展的支持，同时利用创新促进发展，发掘新兴产业（Bao et al.，2006；Chen et al.，2016；蒙莎莎等，2018）。其二，产业结构调整对水资源环境的反向影响。雷社平等（2004）采用相关分析法探究了北京水资源需求量与产业结构调整间的互动关系，揭示了其高度相关性；蔡继等（2007）采用回归分析法，验证了河北的产业结构调整与水环境可持续利用诸因素间存在耦合关系；王燕华（2014）立足人均用水量分析北京的用水情况，发现在第一、第二产业发展速度缓慢，第三产业发展迅猛的背景下，产业结构调整导致北京人均年用水量呈现下降态势；孙艳芝等（2015）采用灰色关联法分析了传统产业和生活生态用水与产业结构调整指标间的关联程度，发现产业结构调整对水资源利用总量及水环境变化的影响最大。其三，水资源环境对产业结构的双重影响。在水资源是影响产业发展的重要因素的前提下，水资源供给对产业结构演进起支撑与制约双重作用。一方面，水资源环境作为产业发展的基本支撑条件，保障产业正常生产和升级性转变，对水资源环境进行优化，将促进区域生产效率提高（吴涛、李姗姗，2009；Zuo and Liu，2015；苏喜军等，2018）；另一方面，水资源短缺及水环境恶化将制约产业发展，但合理地调控水资源并进行环境规制将有利于促进产业结构调整与转型。由此可见，在经济新常态下，产业结构优化升级是协调产业与水资源环境间关系的重要手段，对实现经济—水资源环境可持续发展具有重要的意义。

3. 研究述评

本节从环境库兹涅茨曲线理论、人水系统理论、绿色发展理论等基础理论出发，研究人口、产业和水资源环境的协调性与人水和谐的重要性，进而对绿色发展研究领域进行深入探索，凸显出生态环境保护、走绿色建设之路的重要性。在对人口、产业与水资源环境的关系研究中发现，人口对水资源环境的影响明显，且人口规模与水资源环境间具有双向互动影响；人口结构中，性别、年龄、空间以及城乡结构均会对水资源环境产生不同程度的影响。产业对水资源具有双向影响，一方面，在水资源环境制约下产业进行转型与结构调整，另一方面是产业结构调整对水资源环境的反向影响。综合来看，学者对人口、产业与水资源环境的协调性已经展开了多方面研究，因此，本书将在众多学者研究的基础上，进一步探析人口、产业绿色发展下的京津冀水资源环境协同治理机制。

二、京津冀水资源环境压力与风险评价研究

1. 水资源环境压力模拟与预测

针对水资源环境压力，国内外许多学者从压力来源、影响因素、形成机制、驱动机理等方面进行了研究，并力求通过产业升级、技术革新、优化人水关系来缓解城市水资源环境压力。

首先，在压力源识别及辨析上，许多学者从人口增长、经济发展、社会适应等角度来分析水资源环境压力源（包括缺水、生态、环境压力等）的构成，并采用压力指数法、评价指标框架、模拟与评价耦合以及经济影响分析的方法来分析区域水资源环境压力。例如，Falkenmar 和 Widstrand（1992）以人均水资源量为主要影响指标构建水资源压力指数来衡量区域水资源紧缺程度，并以人均水资源量 1700 立方米/年作为水资源压力临界点；Raskin 等（1996）将水资源可持续性指标纳入水资源压力评价框架，以评价地区和全球水资源使用模式，并分析21 世纪水资源可持续发展前景；Ohlsson（2000）在 Falkenmark 指数的基础上，将社会适应性因素纳入水资源压力指数中，并将联合国开发计划署人类发展指数作为制定权重系数的依据，从而获得更能全面体现社会适应及可持续发展的水资源压力指数；韩宇平和阮本清（2002）根据我国 31 个省级行政区划（不包括港

澳台）的用水特点，进一步将水资源压力分为九类指标，从而构建中国省级水资源压力指数；吴佩林（2005）从人口压力、生态压力和经济发展压力三个方面来构建水资源压力评价体系，从而探讨我国水资源压力的地区差异和显著特征；Bierkens等（2011）通过全球水文模型和全球逐日气象数据对1958—2001年的全球可用水量进行了计算，并认为该模型能够准确评估每月的水资源压力；廖乐等（2012）采用层次分析法对人口数量压力、水资源数量压力、水环境压力、水资源技术压力等六个方面进行权重分配，以计算水资源压力指数；唐霞等（2014）采用均方差法，从流域水资源开发利用程度、经济发展与用水以及流域水环境所面临压力等六个方面对2000—2010年黑河流域的水资源压力状况进行了定量分析；Nilsalab等（2017）将环境需水量纳入水资源压力指数，并根据当地情况计算压力指数；在此基础上确定不同的环境需水量次序。可见，水压力指数法在水资源环境领域已经有相当广泛且成熟的研究。

其次，在压力的模拟及预测上，许多学者通过将水文模型、气候模型、人口模型、经济模型等模型耦合来实现区域中长期的压力预测，并结合水足迹、空间技术、投入产出模型等对水资源环境压力的时空分布异质性进行模拟、预测。例如，Mcdonald等（2011）利用水文模型、人口预测和气候变化情景模拟人均可用水量，发现目前有1.5亿人生活在长期缺水的城市，到2050年，人口增长将使这一数字增加到近10亿；盖力强等（2016）通过空间技术与生产水足迹结合的方式对1985—2009年中国水资源压力的时空分布特征进行了分析，并模拟生产水足迹逐年升高的区域差异趋势，发现中国水资源利用现状不容乐观；张乐勤、方宇媛（2017）利用生态足迹压力测度模型对安徽省16个地级市水资源生态压力进行了测算，发现2014年安徽省水生态压力呈现不显著空间异质格局，据此提出了差别化的水资源环境保护政策建议；刘学军（2018）利用生态足迹压力测度模型和空间自相关分析法，分析了辽宁省近20年来水资源生态压力空间的关联模式及区域空间异质格局；李新生等（2019）从虚拟水视角出发，发现京津冀水资源系统严重超载，虚拟水输入逐渐成为区域消减水资源压力的有效措施。

最后，许多学者进一步关注产业因素与人为因素对水资源压力的影响与互馈，并通过分析其互动来获得有效的解决方案。其中，通过调整产业结构用水量和提升节水技术，有利于缓解水资源环境压力；人为因素方面可通过提高节水意识、因地制宜合理水资源供应等措施以缓解水资源压力。例如，路宁和周海光（2010）认为发展中城市具有明显的"后发优势"，可以通过利用技术、采取措施管理等方式尽可能地降低水资源利用压力，因此，他提出技术改造、管理制度创新等方法来缓解水资源环境压力；张瑞君等（2012）认为在上游来水量保证的前提下，必须缩减农业用水，适当增加工业用水的比例，加大生态配水量，同时还应该在控制人口数量的前提下，增强人们的节水意识，降低人口对水资源产生的压力；汤小波等（2016）则认为缓解水资源压力应当分角度、分步骤进行，加强对区域间的水资源协调，实现跨区域调水，增强区域水资源供应能力，同时针对各区域不同类型水资源压力的大小，因地制宜制定各区域水资源开发利用计划，并采取先进的节水措施，以保障区域社会经济发展；白伟桦（2019）以社会—经济为驱动分析辽宁省水资源压力，发现其主要影响因素为第三产业发展和节水水平，并提出了城市化进程中增强节水、环保意识和提高公共管理效率的方法，以促进节水。

2. 风险评估及应对

目前，许多学者对水资源环境风险评估主要集中在风险源的识别、风险的分类、风险的模拟预测与风险的应对方面。其中，风险源主要包括自然扰动（气候变化、降水的时空分布不均等）以及人为因素（人口膨胀、经济发展、人类活动方式改变等），其带来的风险类型主要包括对人体健康、经济社会、生态系统等可能造成的损害以及其对应的可能性。在此基础上，很多学者采用可靠性指标、脆弱性评价（WAVE）框架、不确定性分析方法、概率评估等方法对水资源风险进行分析模拟。例如，Hashimoto 等（1982）运用数学定量模型与系统分析方法结合的模式，从可靠性、可恢复性和脆弱性三个角度来构建风险评估指标体系，为水资源系统风险评估模型的建立奠定了基础；Portielje 等（2000）将随机可信性方法应用于水质风险分析模型中，从而反映由于不确定人为、自然因素导致的水质风险；Jooste（2000）利用风险评估程序和效果评估数据对每个给定压力源进行评估，在集水区管理中可将总风险用作生态目标导向工具；阮本清等

（2005）从风险程度的风险率、脆弱性、可恢复性、重现期和风险度视角，构建京津冀水资源短缺风险指标体系，并根据其水资源短缺风险，提出相应政策建议；Baalousha 和 Jürgen（2006）利用一阶可靠度法（FORM）揭示地下水污染风险的概率问题，提出其有利于提高结果的精确性；谢翠娜等（2008）在剖析城市自然灾害、干旱缺水、水环境风险的基础上，提出通过脆弱性反馈机制以达到防灾减灾目的的应对系统；刘登伟（2010）构建水资源短缺风险指数对京津冀都市圈水资源短缺风险进行分区评价，提出对高风险区域严控人口规模，并通过外调水来缓解水资源供需高度紧张的局面；Tartakovsky（2013）量化不确定性、概率风险评估，构建了决策模型，将水文地质环境的实际问题通过风险表述出来；Berger 等（2014）构建了水核算和脆弱性评价模型，用以测评流域淡水枯竭的脆弱性；Wang 等（2016）提出了一种基于风险的交互式多阶段随机规划方法（RIMSP），并表明其适用于水资源分配问题，该方法还可以在不同的水事政策情景下找到若干解决办法，这有助于决策者在不确定的情况下制定政策；胡惠兰、周亮广（2017）将水文模拟、社会分析与风险评估结合，分析了 2003—2013 年淮河流域五省的水资源风险情况。

在风险评估的基础上，许多学者进一步针对风险产生的原因进行分析，并提出相应的解决措施，通过采取改变水文特征来满足人类需要或采取改变人类需要来适应水资源可利用的客观条件的策略，提高水资源管理部门决策的有效性（刘奇勇、郑景云，2008）。例如，马黎、汪党献（2008）通过分析全国 33 个二级水资源分区水资源短缺风险，提出采取工程和非工程结合的手段，对缺水风险进行防范和调控，从而减轻缺水风险对我国经济的冲击；Bolster 等（2009）利用概率风险评估（PRA）提出了几种可选方案及补救策略，以供决策者做出选择，从而提升不确定条件下地下水开采和补救决定成功的可能性；刘登伟（2010）从维持社会可持续发展和生态系统平衡角度出发，通过分析京津冀地区缺水风险，得出必须严控人口和经济规模，并适当外调水以缓解水资源供需紧张的局面；刘继莉（2010）以长春市石头口门水库为例，总结出吉林省饮用水水源地在环境保护方面存在的问题，提出适宜的水源地环境管理对策；张向宇（2017）通过风险模拟—优化耦合模型，在分析了承德市缺水风险因素的基础上，对 2020 年的水资源进行多目标优化配置，并进一步分析经济效益、环境效益与社会效益风险的变动关系。总之，过去的研究都从经济分析、风险评价、工程结合、概率风险评估、短缺指数等角度提出区域水资源风险的应对策略，力图降低水资源管理的难度和复杂性，提高决策的准确性。

3. 研究述评

从过去的研究来看，水资源和环境承载力是判断或评价一定时期内水生态系统与区域经济建设、人口发展协调程度的依据。随着城市的发展，人口、经济发展在一定程度上会影响城市水资源环境承载力，带来社会经济与水资源环境承载力不匹配的问题，甚至给水资源环境带来巨大的压力，并形成风险。目前，许多学者关注分析由于自然及人为因素带来的水资源环境压力，并从压力来源、影响因素、形成机制、驱动机理等方面进行了研究，力求通过产业升级、技术革新、优化人水互动来缓解城市水资源环境压力。在此基础上，分析压力与风险之间的关系，通过风险源的识别、风险的分类，采用可靠性指标、脆弱性评价框架、不确定性分析方法、概率评估等方法对水资源风险进行分析模拟，并提出相应措施以缓解压力、降低风险。总体来看，过去的学者多强调通过产业调整、技术革新、节水意识增强、因地制宜配置水资源来缓解水资源环境压力，同时通过模拟及不确定分析方法来展示不同概率水平下的决策可能风险及损失，从而降低决策的难度。然而，近年来城市人口变动带来的近域效应、等级效应，产业承接转移带来的加和效应，以及城市内部社会、经济、管理的异质性加大了城市水资源环境压力和风险管理的难度，因此，需要进一步考虑水资源环境的协同治理。

三、跨区域水资源环境协同治理

1. 水治理的区域尺度研究

（1）水治理。

水治理是指政府、社会组织和个人等涉水活动主体，按照水的自然循环规律，在水的开发、利用、配置、节约和保护等活动中，对全社会的涉水活动所采取行动的综合。推进国家治理体系和治理能力现代化，包含了水管理体制的创新，即从治理的角度使水资源管理各方面的制度和体制机制更为科学和完善，以工作制度化、规范化、程序化提高治理效率，从而提高水安全的可靠性，为社会经济发展奠定坚实基础。

目前，我国水治理的主要矛盾是落后治理现状与高治理需求间的矛盾。一方面，水治理要求可持续、绿色、宜人、高效等，并需要政府、市场、社会相结合以构建现代水治理体系；另一方面，我国水治理效率不高，导致洪涝灾害频发、水资源开发过度、地下水超采风险大、河流生态系统被破坏、水生物种濒临灭绝等问题，水治理体系不完善，机构处于变动中，运行机制还需进一步理顺（贾绍凤，2018）。

为解决水治理中存在的问题与矛盾，学者们从不同角度提出了自己的解决方案。例如，吴舜泽等（2015）提出以高级别委员会机构模式来协调解决不同区域、不同利益相关方的水资源协作问题，建议通过水资源环境的国家化治理来缓解目前的水资源危机；蔡阳（2017）提出通过大数据来提升水利管理的有效性，通过完善水利数据资源体系，从而加强区域、部门之间的数据互联互通、共享；常纪文等（2018）建议衔接河长制、湖长制与法定监管机构的职责，开展流域水综合执法试点，通过信息共享、联合巡查等法律机制，加强区域和部门间水利执法协作。综合国内外研究发现，学者主要通过水资源综合管理、社会水文学、大数据平台构建、协同智利框架、多元水治理机制等来解决特定区域的水治理问题，同时侧重点主要包括利益各方的执法协作、责任归属、数据共享等内容，以更好地处理水治理过程中遇到的问题与矛盾。

（2）治理尺度。

第一，区域治理尺度。区域治理是指政府、非政府组织、私人部门、公民及其他利益相关者为实现最大化区域公共利益，通过谈判、协商、伙伴关系等方式对区域公共事务进行集体行动的过程（俞正梁，2001）。区域治理基本特征为：一是多元主体形成的组织间网络或网络化治理；二是强调发挥非政府组织与公民参与的重要性；三是注重多元弹性的协调方式来解决区域问题。

过去，许多学者以行政区划为出发点，采用政策分析、用水需求框架、经济政策耦合框架、多主体参与等手段来实现区域水治理。例如，Li等（2011）通过分析行政区划的自然特征和管理水平，采用多阶段区间随机规划方法（RISP）

来对区域水资源进行配置，并结合政策情景分析及公众参与，实现水治理；Hu 等（2014）运用案例研究法，在中国西北部检测了当地农民对区域水资源综合管理的意见，以打破农民与政府之间紧张和不信任的恶性循环；Chen 等（2017）基于多种用水需求以及可供使用水提出一个协同优化框架的多层模型，与水资源分配、废水排放和污染物排放有关的可行决定将在模型中依次产生，以在现有水限制下实现环境目标，从而体现环境利益与经济利益之间的冲突和博弈；Fu 等（2017）开发了区间模糊水质模型进行区域规划和管理，提出合理运用有效的水区域治理方案，政府决策者可以建立有效的产业结构、水资源利用模式和人口规划，更好地实现经济、水资源、人口和环境之间的博弈与权衡；程怀文、李玉文（2019）通过将经济模型与系统动力学（SD）模型耦合，分析干旱地区水资源有偿使用和水污染收费的经济效益与环境效益及相关政策。综合国内外研究发现，目前学者主要关注采用环境经济博弈、多目标规划、生态补偿、有偿使用的经济政策等方式对区域水资源环境进行优化配置，提出强化立法管理，进而结合案例研究等方法对区域水管理进行系统分析，并提出相应解决方案与政策建议。

第二，流域治理尺度。流域水资源治理是将流域上中下游水质水量以及地表地下水的治理、开发、保护结合，不仅涉及与水有关的自然生态系统，还关系到经济社会乃至人，以网络组织为治理基础，以治理的构建和实现为方法的新型体系。它与传统建立于科层管理体系内部的水资源管理有较大不同。流域水资源治理最重要的特征是多元化参与、共同目标导向以及信任合作（周海炜等，2009）。

在流域治理中，各个国家采用不同的组织形式与管理制度。首先，从国外看，美国流域治理主要采取流域管理局和委员会两种形式（Cronin and Ostergren，2007）；法国主要是遵循自然流域规律设置相关流域水管理机构，并通过法律强化全社会对水资源保护、水污染治理的责任（Barone，2018）；澳大利亚对流域环境治理最为重视，其在 1949 年就已经设置了联邦水土保持常务委员会，每年召开例会用于协调各州之间的水资源及环境合作任务，并讨论、批准相应项目及经费支持，同时联邦下每个州都设有水土保持委员会，负责协调、审批全州和重点治理区的计划和重大问题（Lee，2005）。其次，从国内来看，我国水资源治理模式变迁始于 20 世纪 90 年代初，水资源治理模式的变迁主要包括纵向和横向两个方向：纵向变革主要是指流域范围内的统一管理制度和区域水务一体化管理制度的建立，实现水资源整体规划和管理；横向变革是指在同一流域范围内依据水文、水系而建立控制分权组织，提高国家水资源环境管理的可操作性（臧漫丹、诸大建，2006；刘戎，2007；刘芳，2010；王希良、吴修峰，2017；王助贫等，2018）。综合国外与国内流域管理实践发现，目前的流域治理主要有直接管制治理模式及协商治理模式。由于我国的河流水资源及污染问题复杂多样，且河流所在地区差异性很大，必须根据不同地区、不同河流的自然情况制订出不同的方案措施。

跨行政区是流域治理最为典型的特征，通过水这一联结，不同公共组织、不同涉水机构都产生了无法分离的关系，而位于流域上中下游隶属于不同行政区域的政府也不得不应对与水相关的利益纷扰。针对目前我国的流域治理现状，治理需要关注治理主体及其相互关系、治理手段和治理制度，并根据治理主体、手段和制度的差异，采用不同的机制，目前主要的流域治理机制包括科层管制、市场交易、自治化和网络化（胡熠，2012）。跨部门协同主要是通过权威特征使信息在部门之间流动，从而解决协同治理问题，"河长制"可以很好地跨部门协同治理问题，但同时也会引起"人治"与"法治"的困惑（任敏，2015）。

在具体的流域治理研究中，学者往往比较关注治理中的四大问题：①构建私有水权，采用市场机制配置水资源；②依靠政府部门，运用经济、行政机制实施水资源配置，体现为水行政治理体系；③发展非政府公共组织，与政府形成合作或协作关系，整体规划灌溉用水，实施民主管理和集中决策，构建整体水资源治理模式；④组织社区参与管理，形成参与式或自主治理（卢祖国，2010）。许多学者将四大问题融入到解决跨区流域治理的实践当中，如 Templet 和 Meyer-Arendt（1988）通过对路易斯安那州海岸湿地流失进行研究，发现密西西比河河水泛滥、人类航运和矿物开采活动以及堤防系统是河道中湿地流失的主要原因，因此，在河流联邦政府的支持下，采用了多部分配合的方法来推行包括航行与防洪管理的新政策以限制湿地流失；Ertek 和 Yilmaz（2014）采用经济效率的流域尺度动态非线性规划模型来解决土耳其尼鲁弗河流域水资源紧张的问题。冯浩源等（2018）建立了以"三条红线"为约束的城市化水平阈值计算模型对干旱地区典型城市张掖进行研究，发现水质承载能力是一个很强的制约因素，城市地区的氨排放是主要因素。由此可见，学者们通过市场优化配置、政府顶层设计、组织统筹规划以及社区自主治理等方式进行区域流域治理，四方主体合力协作配合，构建区域水资源模式多样化与效率化管理。

2. 跨区域水资源环境协同治理机制研究

随着我国经济快速发展及城市化、工业化的稳步推进，针对水资源及污染问题的跨区域治理成为热点，虽然中央和地方政府高度重视并采取了多种措施，但是仍存在一系列问题（李国平、席强敏，2015；孙久文、姚鹏，2015；邬晓霞等，2016）。分析产生问题的原因，主要是由于水具有流动性，在流动过程中，水资源的开发利用及水污染管理的边界常与行政区划边界不吻合，而单个地方政府又无力解决跨区域的问题（王浩宇，2017）。因此，跨区域水治理需要通过合作安排来实现，这种安排需要多中心行政体制通过多层级政府、企业与公私组织等配合来提高水治理效率、效能，其表现为地方政府间达成各种合作协议契约、政府与公私组织间形成策略性合作伙伴关系等现象（Grabert and Narasimhan，2006；Lubell and Lippert，2011；Bormann et al.，2012；Dou，2012）。通过区域合作构建跨区域水资源、水污染治理新模式，通过"协作""竞争""制衡"三大机制及其运行关系，推动跨区域治理协同效应产生、协同效能提升、协同效益持续，能使跨区域水污染得到有效治理。

（1）跨区域水资源治理。

目前，许多学者运用多种理论、方法与模型，从多角度出发对区域水资源治理进行研究。例如，夏军（2009）通过分析南水北调中线调水区与北京受水区的关系，论述南水北调重大调水工程对长江、黄河、海河流域水循环的影响及跨区域、跨流域水安全保障对策；Wei 等（2010）应用基于博弈论的模型，分析了中国南水北调中线水量分配水资源冲突问题；Gohari 等（2013）提出以供应为导向的管理方案，解决伊朗中部的 Zayandeh-Rud 河流域的水资源配置问题；Zuo 和 Liu（2015）着重研究了跨流域调水的政府管理困难和缺点，并提出了改善中国水治理的适当建议；张梦瑶等（2016）通过分析水生产供应部门与其他部门的经济影响，揭示了京津冀地区水资源协同配置体系；苏心玥等（2019）采用改进的纳什博弈模型，加入跨区水资源的时空约束规则，分析不同的供水情境和博弈权重组合方案，从而获得北京未来水资源配置优化方案。总体来看，跨区域水资源综合治理更加要求各行政机关协作运行，需要流域内所有地区的政府部门和其他利益主体协同配合。

（2）跨区域水环境治理。

跨区域水污染治理是现阶段水治理的重要内容，而由于跨区域水环境治理影响因素较多，治理难度大，因此，一些学者给出了自己的方案。例如，施祖麟和毕亮亮（2007）认为水环境治理中，应采用保持以条块结合的政府层级结构的形式，通过管理体制改革，将机构、机制、法规等纳入治理框架改革，从而协调不同部门、不同区域、不同层级间的矛盾；黄德春等（2009）认为水污染治理主要要从整体把握的角度建立跨界综合管理模式，注重综合规划，注重水环境容量与经济发展的互动，并通过协调机构来鼓励公众参与到治理中来；周海炜等（2010）从水环境治理需要出发，提出网络治理模式比科层治理和市场治理模式更好，其更能适应现有的管理改善要求；Juma 等（2014）评估了肯尼亚维多利亚湖水域的水质，该研究发现人口和 GDP 的增加会加剧污染排放，从而污染湖泊，且其主要是周边不同行政区划无计划的废物管理及政策造成的；李颖慧等（2014）提出构建库区水污染防治管理新体制，且必须将国家治理、地方参与、统筹协调纳入治理框架，并强调治理机制的创新；He 等（2015）研究了淮河流域及其子流域即沙颍河流域先后实施的两项支持流域服务（PWS）水质改善计划，研究结果显示 PWS 计划与区域和地方水质改善之间存在密切联系；饶林（2018）提出应将流域水污染防治作为常态，并将监测评价制度、市场机制、法律纳入治理框架，发挥各方面的力量以进一步创新；刘华祥（2018）从产业结构优化出发，就创新流域水污染治理模式提出了进一步提升流域水污染治理标准，积极推动流域水污染综合治理，推动产业结构调整，积极完善流域水污染治理顶层设计，强化流域水污染治理的科技支持等建议。综上所述，当前跨行政区水污染治理面临的最主要问题是流域管理与行政区域管理间的矛盾，因此更加需要通过机构、机制、法规等综合性改革来协调流域及区域中不同部门的配合，从而保证流域水污染治理能够更好地符合实际需求及要求，为污染治理得到更好效果提供更好保障。

（3）区域间水治理协调机制研究。

跨区域水治理具有整体性、复杂性等特征，如得不到精准治理，极易形成跨行政区、跨流域的公共事件，而传统的行政管理及治理模式难以应对跨区域水资源及水污染问题，因此亟须协同治理框架，积极探索沟通与协调机制，通过"协作""竞争""制衡"三大机制，共同营造良好的治理合作环境，从而提升协同治理效果。

目前，跨区域及区域间水治理机制尚不完善，许多学者提出了一系列治理的框架及政策建议。例如，李胜（2012）提出应通过完善法律法规推动"河长制"、落实异地开发补偿，鼓励公众参与并推进产权制度以提高水治理的效率，并减轻污染的外部性效应；田文威（2012）认为良好的水污染协同治理机制不仅包括规划和管理，还包括联合监测和执法、联合项目评审、追责机制和考核监督机制等；徐子令等（2018）通过分析水质情况，并研究排污群落分析治理的方法及范围，构建了更有针对性的水污染协同治理体系框架；胡建华和钟刚华（2019）认为，在水污染治理方面，各地大都缺乏沟通与协调致使效果不明显，我国应当积极地探索科学、合理、完善的跨区域水污染协同治理机制，涵盖组织运行、执法监察、激励考核以及运行保障机制等要素，共同为营造良好的生态自然环境出力。

与此同时，在跨区域协同治理过程中，应更加关注区域间水资源环境特性的异质性，综合多方利益主体，因地制宜采取不同的措施。例如，Brooks 和 Trottier（2010）认为水协议是一种避免冲突的手段，也是确保长期有效、公平和可持续地管理水资源的手段，即为了避免在国际水协议中进行数量分配，应当约定持续的联合管理结构，允许以有效去除水资源使用的方式持续解决有关水需求和使用的冲突；Jacobs 和 Nienaber（2011）关注了南部非洲发展共同体的水资源有效公平使用和分配问题，其分析了水在南部非洲发展共同体区域的社会经济发展中的交叉作用以及协调治理问题；Dore 等（2012）以湄公河地区为例，提出了一个分析跨界水综合治理的框架，认为该地区各国之间的水资源共享为生产粮食、能源，维护重要生态系统和维持民生的决策提供了一个关键考量因素；陈阳

（2017）提出通过跨区域水污染协同治理的组织运行机制、协同治理的激励考核机制以及运行保障机制来提高协同治理的有效性；周潮洪和张凯（2019）从建立联系协商制度、加强顶层设计、完善生态补偿机制、实现信息共享、建立长效机制五个方面提出京津冀水污染协同治理的建议。总体来看，国内外学者就区域间水污染协同治理中存在的主要问题进行了分析，重点包括水协议的签订、水区域的治理权归属、水资源的共享与利益分担以及水区域协同治理的监管等问题，进而结合问题提出完善水污染协同治理机制的有效对策，具有针对性和有效性。

3. 研究述评

综合国内外研究发现，学者们主要通过水资源综合管理方法、社会水文学方法以及多元水治理方法等，针对特定地区进行水治理政策探讨，以更好地处理水治理过程中遇到的问题与矛盾。在对跨区域水资源环境协同治理研究中，首先明确治理尺度（区域治理尺度与流域治理尺度），关注跨区域（或流域）水资源环境协同治理机制中多元治理主体的参与、多部门的联合治理、多种方法的构建以及多种制度的保障，通过"协作""竞争""制衡"提高跨区域水治理的效率。但是，目前跨流域或跨区域治理过程中，由于参与主体多样、被治理对象异质性大、区域间治理水平不同、所面临的问题不一，这些问题的叠加增加了治理的复杂性和难度，因此，应将跨区域（或流域）治理置于一个系统内，深入分析系统内部各组分及影响因素之间的关系，通过系统优化获得适合全局的治理方案。

第二章 京津冀人口、产业发展现状及协同化辨析

第一节 京津冀人口、产业发展现状

一、人口分布特征

1. 人口规模不断扩大，外来流动人口增加

京津冀地区目前人口规模仍然呈现扩张趋势，虽增幅得以调控，但仍然吸引大量外来流动人口流入。从 2000 年第五次人口普查到 2010 年第六次人口普查，京津冀常住人口规模逐年上升（见表 2-1），但增长速度持续下降，占全国总人口的比例近年来也有所下降。通过对比发现，北京常住外来人口从 2000 年至 2015 年一直呈现攀升态势，2015 年占比较 2000 年翻一番，直到 2018 年末，这一比重略有下降达到 35.49%。与北京相似，外来人口也是拉动天津人口增长的主要因素，2000 年天津外来人口比重仅有 7.46%，而 2015 年末这一比重已上升至 32.34%，在 2018 年末有所下降。河北作为京津两地外来人口的重要来源地之一，人口增长幅度相对较小，外来人口比重稳定在 1%~2%。总体来说，京津冀人口规模持续扩大，外来人口成为京津两地人口的重要组成部分，京津冀流动人

口高度集中于京津两地。

表 2-1 京津冀常住人口概况

年份	具体项	北京	天津	河北
2000	常住人口（万）	1363.6	984.87	6668.44
	常住外来人口（万）	256.1	73.5	93.05
	常住外来人口比重（%）	18.78	7.46	1.40
2010	常住人口（万）	1961.9	1293.87	7185.42
	常住外来人口（万）	704.7	299.15	140.47
	常住外来人口比重（%）	35.92	23.12	1.95
2015	常住人口（万）	2170.5	1546.95	7424.92
	常住外来人口（万）	822.6	500.35	—
	常住外来人口比重（%）	37.90	32.34	—
2018	常住人口（万）	2154.2	1559.6	7556.00
	常住外来人口（万）	764.6	499.01	—
	常住外来人口比重（%）	35.49	32.00	—

资料来源：国家统计局。

2. 人口密度空间分布不均，导致水资源环境压力凸显

在城市化进程中，三地经济发展水平和公共服务资源的差距导致人口吸纳能力差异显著，这也进一步加剧了京津冀人口分布的不平衡性。图 2-1 为 2000—2018 年全国及京津冀人口密度变化情况，其中，2000 年北京、天津、河北的人口密度分别为 811.90 人/平方千米，910.00 人/平方千米和 353.50 人/平方千米，均远远高于全国人口密度 132.02 人/平方千米。伴随着京津冀三地经济的持续快速发展，地区人均收入水平和公共服务质量有效提升，外来人口大量涌入，尤其是京津地区人口密度持续上升，给当地的水资源环境造成了巨大压力。而京津冀本身就是水资源严重匮乏地区，区域多年人均水资源总量只有全国平均的 1/7，当遭遇极端气候冲击及人口经济发展驱动时，资源环境压力特别大。例如，2011 年初，北京遭遇严重干旱，虽然在此过程中北京通过从河北水库应急调水缓解了旱情，但是发达区域对资源过分依赖和占用导致水资源环境外部性及不公平性加剧，而河北等地虽然总量较多，但是相对量仍不富足，水资源过分外调导致地下水开采程度增加，给区域的生态环境造成了严重的负面影响。

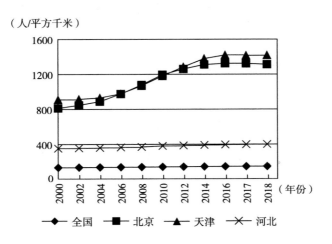

图 2-1 2000—2018 年京津冀人口密度趋势变化

3. 调控政策效果初显，但也产生其他问题

目前，京津冀地区根据自身功能定位开展了一系列人口调控政策，政策效应初显，但其也带来一系列问题。首先，核心区人口增长速度得以控制，城市核心区水资源环境压力预期下降，但总体压力仍未得到本质缓解。图 2-2 显示 2002—2010 年，京津冀人口规模不断增加，人口增长速度也逐年加快，尤其是京津地区，北京从 2002 年的 1423 万人增加到了 2010 年的 1962 万人，天津从 2002 年的 1007 万人增加到了 2010 年的 1299 万人，且增长速度加快。2010 年之后，"十二五"期间实行人口调控政策后，京津冀的人口增长速度均出现大幅度下滑。北京地区从 2010 年的 10.78% 增长速度下降到 2016 年的 0.98% 增长速度，随后在 2017 年首次出现增长速度为-0.09%，2018 年进一步降至-0.78%；天津地区从 2010 年的 10.46% 增长速度下降到 2016 年的 2.97%，2017 年也出现人口负增长，增长速度为-0.32%，随后在 2018 年增长转负为正，达到 0.19%；河北地区从 2010 年的 2.93% 增长速度下降到 2018 年的 0.48%。由此可见，实行人口调控政策后核心区人口增长速度得以控制，城市水资源环境压力预期下降，但由

于京津冀总体人口基数大，且城市化进程加速导致人口对水资源的需求及消耗不降反增，人口规模带来的供水压力依然难以从本质上得到缓解。

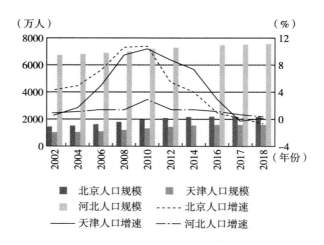

图2-2 2002—2018年京津冀人口规模及增长速度

其次，人口从核心区迁出虽一定程度缓解局部水资源环境压力，但进而带来老龄化、人才流失、城市活力下降等问题。2000—2016年，北京常住人口首次出现较大幅下降，人口增速出现下降。这表明过去几年人口调控效果逐渐显现，人口空间格局高度聚集得以调整，人口从核心区向其他区域迁移，一定程度上缓解了局部水资源环境压力，但也带来了新问题。人口调控政策加速了京津冀尤其是北京地区的人口老龄化，由此带来的社会经济问题逐渐由隐性转为显性，人口活力问题凸显。一方面，老龄化加剧了劳动力供需缺口，中心城区非经济活动人口聚集程度严重，城市中心区域人口活力下降，影响城市长期发展；另一方面，人才政策的区域异质性，导致京津冀核心区人才向其他区域迁移，核心区人才流失严重。近年来，国家高层次人才政策出台，各省区市加大人才服务力度，力求营造良好人才发展环境。与此相比，京津冀人才政策尚不成熟，制度体系缺乏吸引力，导致单纯资金投入无法持续实现人才聚集效应。另外，人才资源引进和投入受到机制影响，无法真正由市场发挥作用，从而降低了人才引进的效率，也就不能真正地促进创新和产业发展。

二、产业布局趋势分析

1. 总体经济增速放慢，区域经济发展仍不均衡

根据京津冀城市的功能定位，京津冀近年来放慢了经济发展的速度，从总量来看，2018 年京津冀生产总值为 85139.89 亿元，而长三角和珠三角地区生产总值分别为 211479.24 亿元和 290042.63 亿元，京津冀地区对全国经济增长的贡献率维持在相对稳定的水平上，并未出现提升的态势。如图 2-3 所示，京津冀地区的贡献率为 10% 左右，长三角地区和珠三角地区的贡献率分别维持在 20% 和30% 的水平。与此同时，由于产业的调整转移，打破了原有增长状态，落后产能遭淘汰而新产能培育起来还需时日，因而导致经济增速有较大程度的下降。例如，在疏解非首都核心功能背景下，北京大量高耗能、高污染及劳动密集型制造业转移，传统产业面临结构调整，但是相关科技、文化创新产业仍不成熟，原有的消费和投资热并未得到新的支撑；河北持续淘汰旧工业落后产能，工业经济规模增速大幅下降，而新的产业动力还未形成。京津冀的产业调整转型在一定程度上减缓了其当前经济增长速度，但这种减缓是必要且有意义的。

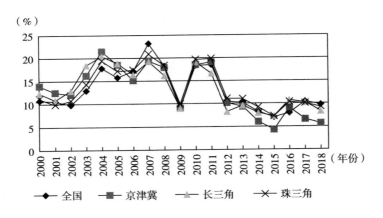

图 2-3 2000—2018 年全国及三大经济区经济增速

京津冀产业创新动力发生弱化效应对产业发展造成的负面冲击不可忽视。京津冀地区核心区域（北京）以产业疏解带动人口疏解收到成效，但产业疏解也

带来了该地区投资动力不足的负面作用，尤其是制造业、第三产业受到显著影响。目前，北京新旧产业转换面临较大阻碍，制造业增速逐渐下滑。更为关键的是，作为北京的主导产业——第三产业也受到影响，产业投资动力弱化，民间投资下滑尤其明显，而北京高精尖产业尚未成为支撑产业发展的核心力量，且制造业的撤离对创新研发呈现弱化态势。目前北京面临产业衔接断层，导致出现高质量经济发展瓶颈及经济发展停滞问题，因此，应给予新旧产业衔接发展更多时间，使作为区域发展"领头羊"的北京在突破特大城市桎梏的过程中，控制产业疏解整治不确定风险。天津作为京津冀一体化中重要的制造业发展基地，其投资动力、工业部门增加值创造能力、高新技术产业市场竞争力都出现了不同程度的弱化现象。河北作为首都疏解的重要承接地，工业部门发展动力却呈现减小态势，多重机制障碍、相对滞后的商业环境和高昂的交易成本造成河北承接能力不足，工业增加值和投资能力下跌。河北与京津两地发展差距大，但也意味着具有巨大的经济发展潜力，河北目前工业生产规模扩大，但创新能力差、竞争力不足、特色缺失等问题更加突出，导致其虽然产业发展规模与速度最快，但是人均GDP最低，且区域经济发展不平衡持续加深。总体来看，京津冀目前呈现出不同的发展态势，但在一些领域出现同质化竞争，尚未形成有序的分工、合理的产业布局。

2. 京津冀三地城市功能定位的增强，导致三地产业结构异质性加大

2018年京津冀生产总值中北京、天津、河北三地的贡献率分别为35.61%、22.09%和42.30%，河北在三地中经济总量最大，但贡献率逐年下降（见图2-4）。近年来，随着产业转移升级的稳步推进，京津冀三产比重持续提高，产业结构不断优化，通过积极发展符合三地功能定位的相关产业，三地产业结构差异化逐步增强。对比2000年、2010年和2018年京津冀三地产业结构不难看出，京津冀产业结构发生了明显的变化，三地三产比重持续上升。

京津冀协同发展面临的最大困难是通过合理的产业分工解决经济利益冲突。三地仅注重自身产业结构优化，造成产业体系"大而全"的产业同构化严重等问题。产业调整新途径应是北京大力发展服务业，天津发挥制造业优势，河北结合自身特色发展钢铁、服装产业，追求集群化产业布局，防止无序竞争。近年来，

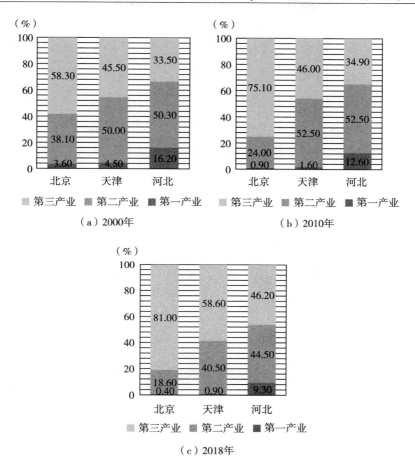

图 2-4　2000 年、2010 年、2018 年京津冀三地产业结构变化

北京将部分第二产业转移至河北、天津，保留的主要是高新技术领域的第二产业，产业结构优化明显。天津作为重要的工业基地，制造业是其支撑行业，未来也会大力促进第三产业的发展。河北作为京津冀一体化发展的重要承接地，在京津两地的辐射下，第二产业也较为发达，但是主要集中于劳动、资源密集型行业，高污染、高能耗是发展面临的极大问题，河北在保持第二产业发展的同时，第三产业具有极大的发展空间。在明确功能地位的背景下，应切实结合各地资源优势，加强合作、信息共享，加强内在联系，塑造地区专业分工体系，形成合理产业空间架构。

3. 一体化加速产业转移承接，促使区域产业粘性及依赖程度增加

京津冀三地产业发展阶段不同，存在一定的梯度，这为京津冀一体化发展提供了可能性。京津冀协同发展必然要通过产业协作实现，区域不同产业发展相互依赖、相互促进。第一产业的协作模式为"农业种植+企业+研发"模式，京津冀分别扮演不同的角色，功能上相互配合、相互补充；第二产业发展由京津两地向河北腹地延伸，产业梯度和产业链发展双管齐下；第三产业中金融、旅游等行业三地相互配合也逐渐发展为新态势，产业互补，明确分工，新的合作模式层出不穷。产业协作程度不断提高，产业结构优化和制造业的扩散转移必将促进新的产业分布新格局的形成，同时必须减少重复建设造成的资源浪费，避免低效竞争。产业粘性及依赖程度提高有利于资源的高效整合，高层次合作。随着产业合作规模扩大，应整合各地人才、科技、资源，科学引导推进合理产业布局的形成。

4. 协同化过程中发展模式粗化、用水效率低下，导致水资源浪费、污染排废问题严峻

目前京津冀协同发展过程中，单纯的产业转移难免造成发展方式粗放、水资源利用效率不高、环境管理不到位的问题。产业规模扩张拉动水资源需求增加，同时也会造成水污染排放增加，若不进行控制，水资源环境问题将限制地区生产发展。与此同时，京津冀农业耗水总量巨大。目前，京津冀大部分地区第一产业（农业）用水远未实现精细化管理，大水漫灌方式浪费了大量水资源，农业面源污染控制本身起步很晚，且管理技术及手段不到位导致污染问题加剧。粗放型发展模式对于第二、第三产业中不同行业仅能起到一时的拉动作用，其仅强调赶超型发展而忽视对于水资源消耗和水环境的管理控制，环境规制难以对高耗能、高污染行业产生长久的作用，并从根本上改变其发展模式。目前，京津冀高耗水产业往往具有较大的节水潜力，细化生产过程中水资源管理环节，加大节水、净化投入，促使水资源的循环利用，通过市场准入及政府规制相结合的手段，将在一定程度上改变水资源浪费及污染排放问题。相对而言，北京在这方面水平相对领先，但由于人口过度聚集、生产规模及产业结构调整不足，水污染压力依然没有得到缓解；天津的水资源管理虽然有进步，但是创新机制乏力导致水资源脆弱性

有增无减；河北水资源管理比较滞后，且京津冀水资源统一配置机制尚未建立，区域水资源环境脆弱。

第二节 京津冀协同化发展研究

京津冀地缘相近，属京畿重地，战略地位十分重要，且彼此之间通勤便利为其协同发展奠定了自然基础，特别是在 2014 年京津冀一体化发展战略提出之后，协同发展及治理已经成为区域发展的主题。然而，由于京津冀三地人口、产业特征存在异质性，且人口、产业及其交互作用都会对京津冀水资源环境产生巨大的影响，因此，有必要充分辨识京津冀协同发展过程中人口、产业的关联性特征，为通过调整京津冀人口、产业结构优化跨区域人水关系奠定基础。

一、理论与框架

1. 人口与产业协同理论

人口与产业的相关性研究源于 20 世纪 50 年代，《移民人口学之理论》中提出的"推拉理论"指出，劳动力迁移主要是由迁入与迁出地的工资水平差异所引起，而工资水平主要取决于地区经济发展水平。由于地区经济水平的不同，导致收入、就业以及不同产业发展产生较大差距，长此以往，生产要素会更多地流入发达地区，从而带动周边的人口流动，地区二元经济由此而形成。新古典经济增长理论中的索罗模型指出，劳动力、资本和技术是经济增长的必要因素（Solow，1956），这就不可避免地将人口与产业发展联系起来。《区位和空间经济》从经济差距和要素流动的角度分析了地理性二元经济的形成（Myrdal，1957）。一般来说，一个地区产业发展水平越高，势必吸引更多的人口，依照目前经济发展进程来看，京津冀协同发展所产生的虹吸效应如就业机会增多、基础设施完善，使得大量人口集聚在中心城市，现已印证了这一点。

2. 区域协同发展理论

区域协同发展，是指两个或者两个以上的地区，为完成某一目标，相互协作、共同发展，以达到双赢效果。《协同学导论》提出区域是一个巨大且十分复杂的系统，影响区域协同发展的因素很多，因此在区域协同发展过程中，要研究不同事物之间的共同特征及其协同机理，通过协调系统中的各个要素，进而达到协同发展的最大效用，且整合过程建立在注重子系统的求同存异基础之上，从而达到整体发展的目标（Haken，1977）。《一般系统论》中提出的一般系统理论指出，系统论的主要思想就是将事物看成一个系统，对系统的结构和功能这两方面进行重点分析，研究系统、要素和环境在整体情况下的规律，以找到系统达到最优的方法和路径，从而指导系统运作（Von Bertalanffy，1976）。在城市群的发展过程中，往往存在"核心区"与"边缘区"的概念（程遥、赵民，2020），核心区发展在某种程度上带动边缘区发展（扩展效应），但也起着扩大地区差别的极化作用，特别是在市场机制自发作用下，极化效应会加大区域异质性，要改变这一状况，必须用宏观经济政策给予调控引导，实现区域经济的协调发展。目前京津冀作为一个整体的区域发展系统，就是要协调好系统的结构和功能，通过核心带动边缘，从而达到区域协同发展的系统最优状况。

3. IPAT 模型

在反映人口、经济、技术与环境的关系时，比较常用的是 IPAT 模型，其中，I 代表环境压力，P 代表人口规模，A 代表经济规模，T 代表生产技术，该模型在 1971 年被提出。为了探究人口与产业之间的关联性，更好地协调人口与产业之间的发展，需要将 IPAT 模型与柯布—道格拉斯生产函数结合起来，把人口、经济以及技术看成是影响产出的生产要素，从而得到产业人口弹性，反映人口与产业之间的关联特征，具体的生产函数模型如下：

$$A_{it} = KP_{it}^a I_{it}^b T_{it}^c \tag{2-1}$$

其中，i 表示地区，t 表示时间，K 表示系数，a、b、c 分别表示人口、环境、技术对经济生产的贡献率。通过两边取对数，可以得到实证模型并计算得出劳动投入产出弹性公式，再将劳动产出弹性公式取倒数，可以得到产业人口弹性，结果分别如下：

$$\ln(A_{it}) = k + a\ln(P_{it}) + b\ln(I_{it}) + c\ln(T_{it}) \qquad (2-2)$$

$$1/a = \ln(P_{it}) / (\ln(A_{it}) - b\ln(I_{it}) - c\ln(T_{it}) - k) \qquad (2-3)$$

其中，A_{it} 表示 i 地区第 t 年的产出，P_{it} 表示 i 地区第 t 年的人口数量，I_{it} 表示 i 地区第 t 年的环境压力，T_{it} 表示 i 地区第 t 年的技术进步系数，$1/a$ 表示产业人口弹性。产业人口弹性是指在其他条件不变的情况下，产出每增加一个单位所引起的劳动的变化量。它可以反映出一个地区产业变动对人口变动的影响程度，研究不同产业变动对人口的带动能力，产业人口弹性越大，表明该地区的产业增长带动的人口增量越大；相反，产业人口弹性越小，表明该地区的产业增长带动的人口增量越小。

二、人口、产业关联特征分析

1. 京津冀常住人口与产业就业人口变动趋势

图 2-5 为京津冀近 20 年常住人口以及产业就业人口变动趋势，反映了人口与不同产业之间的关联特征。总体来看，自 2000 年以来，由于京津冀工业化和城市化进程加快，区域优势不断凸显，常住人口数量增长速度非常快，特别是河北第二产业从业人数以及京津冀第三产业从业人数增速迅速攀升。不同产业从业人员呈现出阶段性差异，其中：①2000—2010 年，京津冀总人口与第二产业从业人数呈现出明显上升趋势，这主要是京津冀在发展前期工业化进程中增加了就业机会，吸引人口集聚所形成的；②2010—2015 年，京津地区第二产业从业人数增速降缓，第三产业从业人数则迅速提升，而河北第二产业从业人数增速仍然较快，这是由于在此阶段城市化进程加速了京津冀产业升级转型，从而促进了河北第二产业和京津冀第三产业的飞速发展；③2015—2018 年，在京津冀一体化背景下，京津产业逐步向河北有序转移，且第三产业发展速度相对较快，导致工业产值占 GDP 比重不断下降，而河北由于受到产业转移的影响，工业产值占 GDP 比重仍然呈现上涨的趋势，产业发展侧重点转移导致不同产业从业人员结构发生变化。

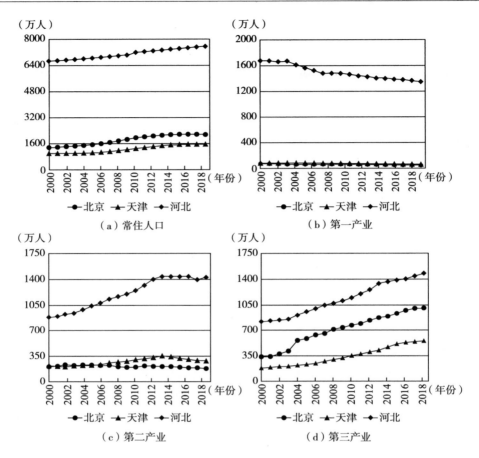

图 2-5　2000—2018 年京津冀常住人口及产业、就业人口变化

2. 京津冀人口、产业发展时间序列分析（2000—2018 年）

为了探究京津冀人口与产业之间的定量关系，引入产业人口弹性来反映不同产业对相应人口的带动能力。其中，产业人口弹性系数越大，表明这一地区该产业增长带动的人口增量越大；产业人口弹性系数越小，表明这一地区与该产业增长带动的人口增量越小。具体公式如下：

$$P_x = P \times \frac{L_x}{L} \tag{2-4}$$

$$\beta = ((P_{x(T+1)} - P_{x(T)})/P_{x(T)})/((G_{x(T+1)} - G_{x(T)})/G_{x(T)}) \tag{2-5}$$

其中，P 代表某一地区的总人口，L 代表某一地区的总就业人口，L_x 代表第 x 产业的从业人口，P_x 代表第 x 产业的相关人口，G_x 代表地区生产总值。

通过计算可以得到京津冀近 20 年来不同的产业人口弹性（见图 2-6）。结果显示，京津冀三大产业的产业人口弹性随着时间的推移在波动，其中第一产业和第二产业人口弹性基本分布在横坐标轴附近，而第三产业人口弹性均分布在轴上方，表明第三产业的增长带动人口能力增强。由于区域发展目标及所处阶段不同，因此需要分别研究京津冀人口、产业发展阶段性特征。

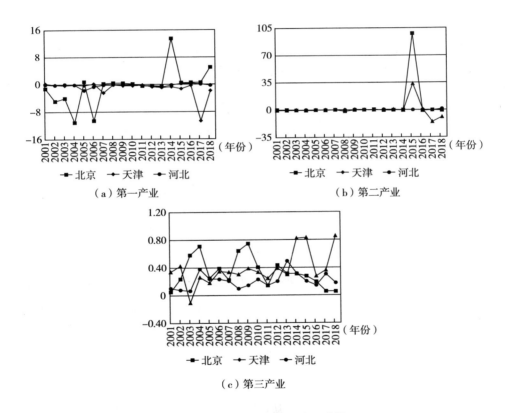

图 2-6　京津冀不同产业人口弹性

（1）2000—2010 年人口弹性。从第一产业来看，北京、天津以及河北的第一产业人口弹性一直在横坐标轴附近波动，截止到 2010 年，三个地区第一产业人口弹性依次为 0.14、-0.40、-0.04，说明天津、河北第一产业增长与相关从业人口呈现反向变化，而北京第一产业就业人口与产业呈现同向变化，这是由于京津冀农业发展中，北京农业发展较为精细先进，农业技术水平较高，因而人员吸纳能力比天津、河北更强。从第二产业来看，京津冀三地的第二产业人口弹性均在横坐标轴附近波动，截止到 2010 年，北京、天津和河北的第二产业人口弹性依次为 0.20、0.27、0.22，说明随着第二产业的增长，三个地区第二产业相关人口均在增加，且天津地区单位产值所带动的就业人口比重最大。从第三产业来看，三个地区第三产业人口弹性大部分分布在横坐标轴上方，表明第三产业发展对于吸纳人口将产生明显的正向作用。2009 年，北京的第三产业人口弹性达到了 0.74，这是北京产业结构从工业主导型向服务业主导型的转变所形成的；北京第三产业人口弹性大部分位于天津、河北的上方，表明北京单位产值增长带动的就业人口较其他两地大。综上所述，第三产业的人口吸纳能力高于第一、第二产业的人口吸纳能力，并且北京、天津人口吸纳能力大于河北。

（2）2011—2015 年人口弹性。从第一产业来看，北京、天津以及河北第一产业人口弹性在横坐标轴附近波动，与上一阶段比变化不大，但在 2014 年北京第一产业人口弹性突然上升为 13.50，这是北京深化农业供给侧结构性改革，促进了农业高质量发展所形成的。从第二产业来看，北京、天津产业人口弹性在 2015 年突然上升为 98 和 33，这主要是由于北京和天津在 2014 年年底开展深化工业市场化配置改革，且北京的工业改革力度大于天津，因此，其形成的就业人口吸纳能力也相对较高。从第三产业来看，天津在 2014 年第三产业人口弹性最高，保持在 0.80，这是由于随着京津冀区域协同政策实施，天津作为金融创新运营示范区以及改革开放先行区，大力推动第三产业发展，从而提升了天津第三产业吸纳人口能力。

（3）2016—2018 年人口弹性。从第一产业来看，北京 2018 年第一产业人口弹性达到了 4.95，天津经历了由掉落到回升的过程，河北基本稳定，保持在 0.20。这是北京、天津推进都市现代农业协同发展所形成的，北京、天津通过调优耕作方式及农业发展模式，加大技术投入、节约自然资源促进了农业现代化进步。从第二产业来看，天津在 2017 年突然下降为 -15，这主要是由于京津冀一体化背景下产业要承接转移，而天津在此过程中转出大量第二产业，从而导致工业产值减少，吸纳产业就业人口能力降低。从第三产业来看，北京、河北第三产业人口弹性呈现出波动下降的趋势，天津经历了掉落再回升的过程，这是北京、河北主要精力放在第二产业转移与承接，而第三产业已经成为天津的支柱产业所造成的。

3. 结论

通过对京津冀近 20 年的人口、产业关联阶段性分析发现，不同阶段呈现出的产业吸纳及带动产业就业人口能力不尽相同，其特征为：第一，从第一产业来看，北京、天津以及河北第一产业人口弹性大多为负，说明第一产业带动人口的能力较差，第一产业与相关人口的关联性一般。实际上，根据推拉理论可知，第一产业（农业为主）发展所带来的就业机会、生活环境质量等并不高，难以为一个地区吸纳较多的就业人口。第二，从第二产业来看，第二产业人口弹性大多围绕横坐标轴波动，说明第二产业带动及吸纳人口能力比较稳定，即第二产业与相关人口的关联性中等。工业化发展的特点解释了这一现象，由于工业化发展的固定资产投入较大，企业的流动性并不高，因此吸纳人口呈现出稳定性特征。第三，从第三产业来看，产业人口弹性基本分布在坐标轴上方，说明第三产业带动吸纳人口能力很强，即第三产业与相关人口的关联性较强。这是因为第三产业创造的就业机会多，工资水平高，所吸纳的人口较强。综上所述，通过了解不同产业与人口的关联强度，可以为制定京津冀的人口、产业疏解政策提供一定的理论及数据支撑。

三、城市功能定位与区域协同化研究

目前，京津冀协同发展程度逐步提升，作为一个整体的区域发展系统，其不仅存在着人口与产业关联，还应考虑人口与资源关联、产业与环境关联、城市间的协作、总体的规划等，这些因素共同作用、协调发展才能促进京津冀协同一体化的实现。目前，仍存在着区域总体实力不强，城市功能定位与发展水平不相匹配，区域间资源环境承载力异质性大，区域间协作配合度低等问题。因此，有必要对京津冀区域之间协同发展程度进行量化辨识，特别是对京津冀人口、经济、环境之间的协同发展水平进行分析，找出不足，并提出合理的针对性建议。

1. 京津冀区域协同化评价框架构建

本书关注京津冀协同发展过程中人口、产业与水资源环境方面的协同发展问题，因此，本部分通过从人口、产业和环境三个维度，建立京津冀区域协同发展评价指标体系，来量化分析区域人口、经济、环境之间的协调发展程度及区域间的协同化程度（其指标及评价体系见表 2-2），采用多指标综合评价方法并结合变异系数归一法，对京津冀的协同发展程度进行测度分析。

表 2-2　京津冀区域协同发展评价指标体系及权重

一级指标	二级指标	权重
经济	地区生产总值（万元）	0.105
	规模以上工业总产值（万元）	0.097
	工业总产值占比重（%）	0.063
	工业用水量（亿立方米）	0.077
人口	年末总人口（万）	0.098
	第二产业从业人数（万）	0.092
	生活用水量（亿立方米）	0.102
环境	污水排放总量（万吨）	0.090
	废水排放总量（万吨）	0.060
	工业废水排放量（万吨）	0.072
	污水处理率（%）	0.081
	生活垃圾无害化处理率（%）	0.064

基于区域协同发展的相关概念及理论基础，本书构建出如下综合指数评价模型：

$$f(x) = \sum_{i=1}^{m} a_i x_i \tag{2-6}$$

$$g(y) = \sum_{i=1}^{n} b_i y_i \tag{2-7}$$

$$h(z) = \sum_{i=1}^{p} c_i z_i \tag{2-8}$$

其中，$f(x)$、$g(y)$、$h(z)$ 分别代表区域城市经济、人口、环境各子系统自身的协同度，m、n、p 代表各子系统指标体系中的指标个数，x、y、z 代表各子系统指标体系中 i 指标的标准化值，a_i、b_i、c_i 分别代表各子系统指标体系中 i 指标的权重。$f(x)$、$g(y)$、$h(z)$ 与区域城市经济、人口、环境各子系统自身的协同发展水平成正比。构建京津冀经济、人口、环境各个子系统之间的协同发展评价模型如下：

$$c=f(x)\sum_{i=1}^{n}a_i+g(y)\sum_{i=1}^{m}b_i+h(z)\sum_{i=1}^{p}c_i \qquad (2-9)$$

其中，c 表示在经济、人口、环境一定综合效益之下所达成的京津冀协调程度，其取值范围为 [0, 1]，c 与区域城市经济、人口、环境三个子系统之间的协调性成正比。同时，借鉴已经提出的协调度标准（党兴华、朱丽，2007），对京津冀区域经济、人口、环境子系统及系统协同度进行评价，具体评价标准如表2-3所示。

表2-3 京津冀区域系统协同度评价标准

等级	协同度 c	等级标准
1	0~0.39	失调
2	0.40~0.49	调和
3	0.50~0.59	勉强协调
4	0.60~0.69	初级协调
5	0.70~0.79	中级协调
6	0.80~0.89	良好协调
7	0.90~1.00	优质协调

2. 结果分析

通过计算，得到近20年京津冀地区的经济、人口、环境以及整体区域的协调发展程度（见图2-7）。结果显示，总的来说经济、人口、环境三项指标以及区域的协同度都在波动上升，但是协同指数却都小于0.30，均处于失调的状态，说明京津冀协同发展程度整体向好，但协同程度并不高。其中，第一，从经济子系统来看，京津冀经济协同度一直在波动上升，这是京津冀工业化和城镇化水平不断提升造成的。然而总体来看，其协同化水平并不高，主要原因是京津冀区域

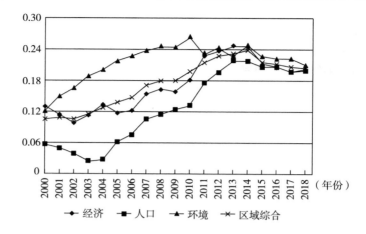

图 2-7　2000—2018 年京津冀各子系统协同发展度

城乡经济二元结构特征突出，区域内中心城市与外围中小城镇及区域腹地在发展水平或发展阶段上存在巨大的差异，从而导致经济协调度一直较低；2014 年后，由于一体化战略提出，京津冀产业升级承接转移、优化升级，较不发达地区（如河北）承接了大量发达地区（如京津）的产业，产业发展使区域间差距不断缩小，经济协同度达到最高点（0.25）；2014—2018 年，虽然经济协同度有所波动，但 2018 年经济子系统协同度开始反弹，说明京津冀协同一体化发展的效果初显。第二，从人口子系统来看，随着时间推移，京津冀人口协同度在波动上升，几乎与经济协同度波动趋于一致，其能够从侧面反映人口和产业的关联程度，但是总体来看其协同程度仍然不高，主要是京津冀区域经济发展程度不平衡，导致所吸纳的劳动就业人口也不均衡。北京天津人口过于集中，而河北人口分布较为稀疏，但是在协同化政策推动后，京津冀人口协同度在 2014 年达到了最高点（0.22），河北通过产业承接及发展，提升了人口带动及吸纳能力，使得人口协同度上升，并且从 2014 年到 2018 年，人口子系统协同度一直呈现出波动状态。第三，从环境子系统来看，京津冀环境协同度也呈现波动上升态势，到 2010 年达到最高点 0.26，这是京津冀加大环境治理投资、环境治理水平提高所形成的。然而，截至 2018 年，环境子系统协同度并没有出现反弹，仅为 0.21，说明协同发展不仅没有改善环境状况，还加剧了环境污染。如何在产业协同发展的同时，减少对环境破坏，也是目前京津冀协同发展所面临的关键问题之一。京津冀区域综合协调发展度首先是波动上升，在 2014 年达到了顶峰为 0.24，然后有所下降并反弹。这是京津冀人口、经济与环境协同度共同作用的结果。一般系统理论认为，系统内部各要素找到了各子系统达到最优的方法和路径时，就能指导整个系统进行良好运作。因此，在人口、经济以及环境协同度同时波动上升甚至下降时，整个区域综合协调度也在进行相同方向的变化。在最后的反弹阶段，由于人口和经济子系统协调度上升力度大于环境子系统的下降力度，因而区域综合协同度呈现上升趋势。

3. 结论

总体来看，尽管京津冀各子系统以及区域协同度一直呈现上升的趋势，但是到 2018 年为止，京津冀地区的区域协同程度并不高，仅为 0.20。从目前的发展来看，京津冀协同发展在经济、人口以及环境方面都存着不同的问题。从经济来看，京津冀随着工业化水平的不断提高，三个地区之间的差距在不断缩小，经济协同度在缓慢提升；但自 2014 年以来，随着产业转移与整合，凸显协同发展中的问题，如城市功能不优化、功能分工不合理、区位优势差异较大等，使得经济协同度有所下降。从人口来看，京津冀人口协同度缓慢提升，但是总体来看其协同程度仍然不高。随着城镇化的推进，京津冀三地的人口发展差距正逐步缩小。与此同时，由于人口受到经济发展影响，产业协同带动人口转移，外加疏解调控，人口过度集中于核心区域的状况得以改善，但总体来说，协同程度仍然不高。目前，京津冀三个地区环境状况都有所改善，但随着协同发展的不断推进，京津冀发展与环境污染矛盾变得尖锐，主要表现为污水排放总量的增加与环境协同治理矛盾的升级，且京津冀由于行政划分不同，协同治理合作显得越发困难，导致环境治理结果并不理想。2016 年京津冀水功能区水质达标率仅为 47%，空气质量平均达标天数只有 56.8，可见在协同发展实施以后，京津冀的环境子系统协同度在不断降低。总体来看，京津冀的区域综合协同发展程度稳中向好，但也面临一些威胁，如人口空间分布不够均衡、产业转型升级力度较低以及人口集聚和产业转移所带来的环境污染加剧。因此，要想进一步提升区域综合协同发展程度，还需要加快落实京津冀协同发展举措，协调经济发展与环境保护之间的关系，三地朝同一方向发力，以实现整体协同发展的最终目标。

第三章　京津冀水资源环境承载力评价

水资源环境承载力是指区域水资源所能支撑的社会经济的最大规模与生态环境所能承受的最大能力。京津冀协同化过程中，水资源环境承载力是发展的瓶颈问题，特别是由于区域本身水资源总量匮乏，生态环境压力大，自然禀赋差异性大，极易在人口、产业协同发展过程中造成新的问题，如核心城市人口过于集中导致水资源消耗增加，产业转移导致水环境污染恶化等。因此，深入分析京津冀地区水资源环境承载力现状，探索协同化模式下水资源环境承载力潜力开发，势在必行。

第一节　水资源环境承载力框架构建

一、构建思路

由于水资源具有自然属性及社会属性，因此在构建水资源环境承载评价体系中需要综合考虑多方面的因素。在对京津冀地区进行水资源承载力评价时，需要结合区域水资源环境自然特点与经济社会发展状况，从区域社会生活（包括人口及经济发展情况）与自然禀赋之间的关系着手，找出水资源开发利用及环境管理中存在的问题（水资源时空分布不均、人口及经济发展导致需求剧增、水资源缺口大、环境污染等），采用更为系统、科学的方法全面反映京津冀地区水资源承载力的主要特征。因此，本部分构建基于"水资源—经济—社会—生态环境"的水资源环境承载力评价指标体系。

二、指标体系

在水资源环境承载力评价过程中，由于影响因素较多，基于水资源环境承载力内涵，结合京津冀地区数据的可获性、代表性，并结合科学性、系统性、可操作性原则，本部分构建指标体系框架如表3-1所示：将目标层水资源环境承载力（A）分为三个准则层指标即健康度（B_1）、发展度（B_2）和协调度（B_3），以及八个要素层指标即水资源量（C_1）、生态环境状况（C_2）、水质（C_3）、社会发展水平（C_4）、经济发展水平（C_5）、技术发展水平（C_6）、水资源需求状况（C_7）和人口、产业与水资源匹配状况（C_8）。本节从健康度、发展度和协调度三个视角来反映京津冀地区自然禀赋、人口膨胀、经济发展、水资源开发利用、环境污染等问题，在要素层次下，还设有20个指标，以细化、量化京津冀地区的综合水资源环境承载力（见表3-2）。

表3-1 京津冀地区水资源环境承载力指标体系

目标层	准则层	要素层
A：水资源环境承载力	B_1：健康度	C_1：水资源量
		C_2：生态环境状况
		C_3：水质
	B_2：发展度	C_4：社会发展水平
		C_5：经济发展水平
		C_6：技术发展水平
	B_3：协调度	C_7：水资源需求状况
		C_8：人口、产业与水资源匹配状况

京津冀水资源环境承载力除了受到自然禀赋（水资源量、生态环境、水质）、社会经济发展（社会、经济发展）以及技术因素（技术发展）的作用外，还受到人口、产业发展及其与水资源环境匹配性的影响。其中，京津冀地区产业

表3-2　京津冀地区水资源承载力评价指标

目标层A	准则层B	权重	要素层	权重	指标层	权重	总权重
A：基于京津冀地区人口与就业的水资源承载力	B_1：健康度	0.33	C_1：水资源量	0.33	D_1：人均水资源量（立方米/人）	0.33	0.0359
					D_2：人均可供水量（立方米/人）	0.33	0.0359
					D_3：年降水量（立方米）	0.33	0.0359
			C_2：生态环境状况	0.33	D_4：森林覆盖率（%）	0.50	0.0545
					D_5：人均湿地面积（平方米/人）	0.50	0.0545
			C_3：水质	0.33	D_6：人均年废水排放量（吨/人）	0.50	0.0545
					D_7：人均化学需氧量（COD）排放量（吨/人）	0.50	0.0545
	B_2：发展度	0.33	C_4：社会发展水平	0.33	D_8：人口密度（人/平方千米）	0.50	0.0545
					D_9：人口自然增长率（‰）	0.50	0.0545
			C_5：经济发展水平	0.33	D_{10}：人均GDP（元）	0.50	0.0545
					D_{11}：GDP年增长率（%）	0.50	0.0545
			C_6：技术发展水平	0.33	D_{12}：工业用水重复利用率	0.25	0.0272
					D_{13}：第一产业水资源利用效率（元/立方米）	0.25	0.0272
					D_{14}：第二产业水资源利用效率（元/立方米）	0.25	0.0272
					D_{15}：第三产业水资源利用效率（元/立方米）	0.25	0.0272
	B_3：协调度	0.33	C_7：水资源需求状况	0.40	D_{16}：人均用水量（立方米）	0.50	0.0660
					D_{17}：人均生态用水量（立方米）	0.50	0.0660
			C_8：人口、产业与水资源匹配状况	0.60	D_{18}：第一产业单位用水支撑就业人员数（人/万立方米）	0.33	0.0653
					D_{19}：第二产业单位用水支撑就业人员数（人/万立方米）	0.33	0.0653
					D_{20}：第三产业单位用水支撑就业人员数（人/万立方米）	0.33	0.0653

结构、产业劳动力人口和用水量之间存在较强的关联。近年来制造业转型升级，高新技术行业人才短缺，劳动力不断由第二产业转向第三产业，第三产业吸纳了大部分劳动力人口并仍呈现上升势头，各行业水资源的使用量发生了变化，单位

水资源创造的产值和单位水资源支撑的劳动人口数量也呈现了明显的变化。当前产业结构调整、劳动力人口与水资源承载力的联系值得深入探究，评价京津冀地区三次产业水资源利用效率和三次产业水资源支撑劳动力数量的前提是能够获取三次产业水资源使用量的相关数据，但是北京和河北的水资源公报未将三次产业水资源使用量单独列示，其中工业用水中不包含第二产业用水中的建筑业用水，第三产业用水则被包含于生活用水中，仅《天津市水资源公报》对生产用水即三次产业用水进行了单独列示。因此，可通过天津数据进行折算，得出北京、河北三次产业用水量，进而得出京津冀水资源使用量数据。

三、计算方法

根据所构建水资源环境承载力框架，采用层次分析法来进行分析，能够将复杂问题分解为多层次的简单目标，从而发现症结所在。该种方法可以将定量和定性指标相结合，侧重分析和判断，所得到的结果简单明了。在构造层次分析结构模型时，需要将每一层次的各要素每两个之间进行比较，进而得到权重，并完成一致性检验，结果如表3-2所示。

数据来自北京、天津、河北统计年鉴以及三地水资源公报，经计算后为本书所用，其中计算不同产业用水效率、产业单位用水支撑劳动力人口数量需要用到京津冀产业用水量，应用折算数据求得所需指标的数值之后，再对京津冀地区水资源承载力评价指标数据做标准化处理，标准化后指标值在0~1。

$$\text{正指标处理：} y_i = \frac{x_i - \min x}{\max x - \min x} \tag{3-1}$$

$$\text{逆指标处理：} y_i = \frac{\max x - x_i}{\max x - \min x} \tag{3-2}$$

根据层次分析法所得到的权重与指标标准化的数值（D），计算京津冀地区2005—2017年的综合得分，其计算公式如下：

$$C_1: \text{水资源量} = 0.33 \times D_1 + 0.33 \times D_2 + 0.33 \times D_3 \tag{3-3}$$

$$C_2: \text{生态环境状况} = 0.5 \times D_4 + 0.5 \times D_5 \tag{3-4}$$

$$C_3: \text{水质} = 0.5 \times D_6 + 0.5 \times D_7 \tag{3-5}$$

C_4：社会发展水平 $= 0.5 \times D_8 + 0.5 \times D_9$　　　　　　　　　　(3-6)

C_5：经济发展水平 $= 0.5 \times D_{10} + 0.5 \times D_{11}$　　　　　　　　(3-7)

C_6：技术发展水平 $= 0.25 \times D_{12} + 0.25 \times D_{13} + 0.25 \times D_{14} + 0.25 \times D_{15}$　(3-8)

C_7：水资源需求状况 $= 0.5 \times D_{16} + 0.5 \times D_{17}$　　　　　　　(3-9)

C_8：人口、产业与水资源匹配状况 $= 0.33 \times D_{18} + 0.33 \times D_{19} + 0.33 \times D_{20}$　(3-10)

B_1：健康度 $= 0.33 \times C_1 + 0.33 \times C_2 + 0.33 \times C_3$　　　　　(3-11)

B_2：发展度 $= 0.33 \times C_4 + 0.33 \times C_5 + 0.33 \times C_6$　　　　　(3-12)

B_3：协调度 $= 0.4 \times C_7 + 0.6 \times C_8$　　　　　　　　　　　(3-13)

A：综合得分 $= 0.333 \times B_1 + 0.333 \times B_2 + 0.333 \times B_3$　　　(3-14)

最终得到京津冀地区 2005—2018 年京津冀水资源承载力各级指标及综合得分。

第二节　水资源环境承载力分析

一、数据获取及基础分析

1. 生活及生态水资源量数据

以天津数据（见表 3-3）为基础，计算折算系数：

$$k_i = \frac{q_i}{q_j} \qquad\qquad (3-15)$$

其中，q_i 分别为第一产业、第二产业和第三产业对应的用水量，q_j 对应农业、工业、生活用水量，k_i 为三次产业的折算系数（$k_1 = 1.00456$，$k_2 = 1.02370$，$k_3 = 0.36112$）。

表 3-3　2005—2018 年天津水资源使用数据

单位：亿立方米

年份	第一产业	第二产业	第三产业	生活用水	生态用水	水资源使用总量
2005	13.78	4.64	1.13	3.10	0.45	23.10

续表

年份	第一产业	第二产业	第三产业	生活用水	生态用水	水资源使用总量
2006	13.62	4.59	1.14	3.12	0.49	22.96
2007	14.06	4.39	1.25	3.16	0.51	23.37
2008	13.21	4.02	1.34	3.11	0.65	22.33
2009	13.07	4.60	1.27	3.34	1.09	23.37
2010	11.20	5.00	1.51	3.49	1.22	22.42
2011	11.80	5.26	1.34	3.57	1.13	23.10
2012	11.69	5.36	1.12	3.59	1.36	23.12
2013	12.44	5.69	1.17	3.57	0.90	23.77
2014	11.66	5.67	1.10	3.60	4.17	26.20
2015	12.53	5.61	1.12	3.52	3.99	26.77
2016	12.05	5.84	1.26	4.01	4.49	27.65
2017	10.72	5.84	1.62	4.15	6.40	28.73
2018	10.00	5.77	1.62	7.42	5.57	30.38
平均值	12.27	5.16	1.29	3.77	2.32	24.81

资料来源：根据 2005—2018 年《天津市水资源公报》整理。

2. 京津冀地区各产业水资源使用量的确定

利用折算系数（k_i）和年鉴统计数据计算京津冀三次产业水资源使用量。

第一产业用水＝农业用水量×第一产业折算系数（k_1）　　　　　（3-16）

第二产业用水＝工业用水量×第二产业折算系数（k_2）　　　　　（3-17）

第三产业用水＝生活用水量×第三产业折算系数（k_3）　　　　　（3-18）

如表 3-4 所示，近年来京津冀第一产业用水效率明显提高，用水量呈现减少趋势。

表 3-4　2005—2018 年京津冀第一产业水资源使用量

单位：亿立方米

年份＼地区	北京	天津	河北	合计
2005	13.28	13.78	165.54	192.60
2006	12.84	13.62	165.54	192.00

续表

地区 年份	北京	天津	河北	合计
2007	12.50	14.06	160.73	187.29
2008	12.05	13.21	157.42	182.68
2009	12.05	13.07	155.19	180.31
2010	11.45	11.20	147.66	170.31
2011	10.95	11.80	147.66	170.41
2012	9.34	11.69	143.58	164.61
2013	9.14	12.44	138.27	159.85
2014	8.24	11.66	139.80	159.70
2015	6.53	12.53	135.85	154.91
2016	6.13	12.05	128.58	146.76
2017	5.12	10.72	126.66	142.50
2018	4.20	10.00	109.87	124.07

京津冀第二产业水资源使用量计算结果如表3-5所示。2005—2018年，京津冀第二产业用水总量先升高，于2007年达到最高40.28亿立方米，随后逐年降低。其中，北京第二产业用水减少将近50%，钢铁等高耗水产业迁出北京导致北京第二产业用水量下降，缓解了用水紧张；第二产业作为天津的支柱产业，一直被大力发展，因此导致其用水规模持续扩大，虽然加大节水技术的投入和推广，但是总体用水量仍然呈现出上升态势；河北第二产业用水量下降较为明显，其粗放的用水模式得到改善，节水措施收到成效。

表3-5　2005—2018年京津冀第二产业水资源使用量

单位：亿立方米

地区 年份	北京	天津	河北	合计
2005	6.69	5.64	26.71	39.04
2006	6.35	4.59	26.55	37.49
2007	5.89	4.39	30.00	40.28
2008	5.32	4.02	27.69	37.03

续表

年份 \ 地区	北京	天津	河北	合计
2009	5.32	4.60	26.74	36.66
2010	5.22	5.00	23.61	33.83
2011	5.12	5.26	23.61	33.99
2012	5.02	5.36	25.82	36.20
2013	5.22	5.69	25.83	36.74
2014	5.22	5.67	25.06	35.95
2015	3.89	5.61	23.06	32.56
2016	3.89	5.84	22.46	32.19
2017	3.58	5.84	20.81	30.23
2018	3.61	5.77	20.24	29.62

　　京津冀第三产业水资源使用量计算结果如表 3-6 所示。2005—2018 年，京津冀第三产业发展迅速，对水资源的需求量逐渐增加，各地第三产业水资源使用量均有明显提升。第三产业发展对产业用水增长拉动尤为明显，2005—2017 年京津冀第三产业用水分别增长 36.85%、43.35%、55.75%。

表 3-6　2005—2018 年京津冀第三产业水资源使用量

单位：亿立方米

年份 \ 地区	北京	天津	河北	合计
2005	4.83	1.13	5.04	11.00
2006	4.95	1.14	5.21	11.30
2007	5.02	1.25	5.37	11.64
2008	5.31	1.34	5.59	12.24
2009	5.31	1.27	5.88	12.46
2010	5.31	1.51	6.31	13.13
2011	5.63	1.34	6.31	13.28
2012	5.78	1.12	6.68	13.58
2013	5.89	1.17	6.79	13.84

续表

年份\地区	北京	天津	河北	合计
2014	6.14	1.10	6.96	14.20
2015	6.32	1.12	7.04	14.48
2016	6.43	1.26	7.48	15.17
2017	6.61	1.62	7.85	16.09
2018	4.03	1.62	4.99	10.64

利用京津冀地区 2005—2018 年不同产业就业人口数与计算得到的同期不同产业水资源使用量数据相除，可以得到京津冀地区不同产业单位用水所能支撑的就业人口数量，进而探究就业的转变对于水资源承载力产生的影响。图 3-1 为京津冀地区单位用水（万立方米）支撑就业人口数量。其中，第一产业耗水量大，随着近年来节水意识增强与节水技术的提升，第一产业水资源利用效率有了小幅度的提高。根据配第一克拉克定理，随着经济的发展，人均国民收入水平的提高，首先劳动力将从第一产业向第二产业转移，当经济发展水平进一步提升时劳动力便向第三产业转移（刘仕俊、陈春华，2008），目前京津冀产业正处于就业人口由第二产业向第三产业转移的阶段。通过耗水分析发现，京津冀地区不同产业的单位耗水量在不断下降，所吸纳的就业人员数量却在增加，因此，可以证明区域水资源承载就业人口数量的能力是在逐渐增强的。

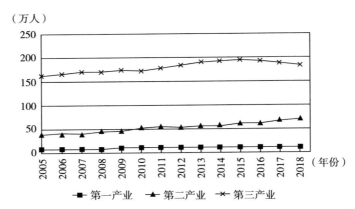

图 3-1　2005—2018 年京津冀单位用水（万立方米）支撑就业人口数量

图 3-2 为京津冀不同产业水资源利用效率对比，其中，第三产业水资源消耗产出效率明显高于第二和第一产业，且呈现扩大趋势，产业结构升级伴随着第三产业进一步发展对于水资源负荷有一定的缓解效用。

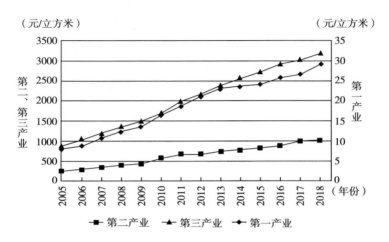

图 3-2　2005—2018 年京津冀三次产业水资源利用效率

图 3-3 反映了以 2005 年为基期，京津冀地区不同产业水资源产出效率的提升速率。结果显示，京津冀不同产业水资源产出效率总体呈现出一个正向提升的趋势，但是提升速率基本在 2%~30% 波动。通过对比不同产业发现，第一产业年均增速为 10.58%，第二产业年均增速为 12.73%，第三产业年均增速为 10.69%。

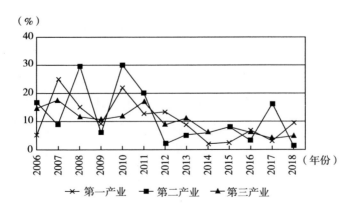

图 3-3　2006—2018 年京津冀三次产业水资源利用效率提升速率比较

二、结果分析

图 3-4 为京津冀地区水资源综合承载力趋势情况，从结果可知，2005—2018 年，京津冀水资源承载力经历了先增长后稳定的过程。2005—2010 年，京津冀区域水资源健康度较为稳定，水资源发展度和协调度持续提升；2011—2018 年，协调度持续较快提升，企业节水意识增强，水资源利用效率提高，单位用水承载的劳动力人口数稳步增长，因此反映了水资源与人口之间协调程度的向好趋势，但其健康度波动较大，原因在于人均水资源量和人均可供水量变化引发供需矛盾，从而导致健康度波动明显。此外，协调度的提升使得水资源综合承载力呈缓慢增长态势。

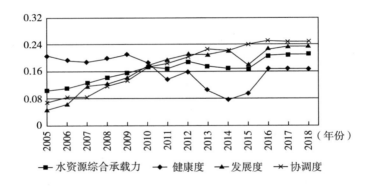

图 3-4　2005—2018 年京津冀水资源综合承载力趋势

总体来说，京津冀水资源承载力发展状态稳步上升，从 2005 年的 0.10 上升到了 2018 年的 0.21。其中，健康度有一定程度的波动，自 2009 年开始下滑，从稳定期的 0.21 降至 2014 年的 0.07，随后稍有回升，若能更好地控制废水排放总量以及排放废水中化学需氧量（COD）等，则水质问题会得到一定程度的改善，水资源健康度进一步增强。发展度在 2005—2011 年上升速率相对较快，近年来稳定于 0.21 左右，如果能进一步推动提升工业用水重复率以及各产业单位用水的产值，则发展有望进一步提升。协调度是三个维度中表现最好的部分，首先是节水意识的增强，企业基于成本方面的考虑控制了用水量，其次是产业调整过程中劳动力向第三产业转移使人水协调度增强，而基于配第—克拉克定理，劳动力的转移是经济发展中的必经阶段，劳动力在产业中转移的因素仍会使人水协调度向好发展。

三、结论

总体来说，尽管京津冀地区水资源环境综合承载力一直呈现上升趋势，但是截至 2018 年，京津冀水资源的健康度、发展度、协调度以及综合承载力值并不高（均低于 0.25）。这表明要想提升京津冀的综合承载能力，还需解决好以下问题：第一，从健康用水的角度来看，目前京津冀人均水资源量只有 134.9 立方米／人，水资源短缺严重，劣 V 类水质占比较大，水环境状况比较糟糕。因此，必须要建立节水护水型社会，提升农业、工业方面的节水技术水平，在生活方面养成省水观念，加强节水教育。第二，从适水发展的角度来看，目前京津冀地区的企业用水存在着耗水量大、排污量多等特点，产业优化转型程度不高，这也是阻碍京津冀协同发展的一个重要原因。因此，必须严格实行双交易机制和双总量控制，循环利用水资源，提高污水处理效率，推进水资源的循环利用。第三，从协调供水的角度来看，目前京津冀水资源供需矛盾突出，在产业转移的背景之下，京津冀的区域用水结构和模式必然会发生改变，其中河北由于承接了许多来自北京的重工业污染企业如首钢、燕山石化等，水资源承载力会面临一定的威胁，因此要加快完善京津冀生态补偿制度，合理配置水资源，鼓励人水协调发展。

第四章　人口、产业转移背景下的京津冀水资源匹配性与污染排放转移公平性分析

在第三章内容中发现，水资源环境承载力制约着京津冀发展，同时，其也受到城市群发展规律（特别是受到人口、产业变动趋势）的干扰。从 2000 年开始，京津冀着眼于经济发展及工业化道路，这不仅导致大量人口转向第二产业，还使得第二产业用水激增，由此带来的污染排放强度及总量的改变导致可用水源进一步萎缩，易导致水资源承载力下降；2010—2015 年，城镇化趋势加强，第一产业 GDP 比重逐年下降，而第三产业 GDP 持续稳定增长，与此同时，大量人口向特大城市聚集，使得第三产业成为北京耗水大户；2015 年以后，京津冀协同化过程中，三地粘度增加，三地产业根据新功能定位承接转移，人口在就业效应影响及政策调控下，也发生一定变化，在此背景下，也形成了新的用水格局。

然而，人口、产业转移过程中，存在社会经济发展与水资源承载力不匹配（或区域间不公平）的现象，例如，协同化进程中，北京第二产业向天津、河北疏解，第一、第二产业 GDP 比重逐年下降，而第三产业 GDP 持续稳定增长，使得第三产业成为北京耗水大户，亟待调整第三产业与用水之间的协调问题。天津 2015 年第二产业产值在京津冀的占比已达到 28.86%，而其水资源总量仅占京津冀的 8.01%，产业经济增长与水资源量极不匹配。此外，大量高耗能、高污染产业转向河北，导致水污染严重，产业转移带来的污染转移问题也给区域的公平性带来巨大隐患。

因此，有必要对人口、产业发展与水资源环境匹配性进行研究，以提升区域水资源环境的公平性，并优化区域水资源量配适程度，减少污染排放转移带来的负面效应，从而促进京津冀地区的可持续发展。

第一节　人口、产业转移背景下的水资源匹配性

一、研究框架及方法

京津冀地区人口、产业转移对用水结构产生巨大影响，一方面人口、产业转移缓解了核心及发达区域的水资源压力，另一方面也给较不发达地区带来巨大压力，扩大了较不发达地区与发达地区的差距，带来新的不公平性。因此，本章应用基尼系数法量化京津冀协同化过程中人口、产业承接转移带来的水资源环境变化及其与区域总体发展的匹配程度，揭示人口、产业与水资源的时空匹配及平衡性规律。

研究思路如图4-1所示，在分析人口、产业迁移对京津冀地区水资源利用影响的基础上，通过基尼系数和洛伦兹曲线计算人口、产业与水资源匹配性变动的对应指标。在空间维度上，分析京津冀各城市发展所受到的水资源约束，根据洛伦兹曲线与绝对平均线的偏离，判断水资源空间均衡性；在时间维度上，衡量人口、产业与资源的匹配性，应用2010—2018年京津冀地区人口产业等数据，计算水资源禀赋与总用水量、生产用水与生产总值、生活用水与常住人口的基尼系数。根据上述计算分析，从区域发展公平、社会个体公平、产业发展平衡的角度提出合理的建议。

基尼系数是意大利经济学家基尼在洛伦兹曲线的基础上首先提出的，起初是为了评价社会分配的公平程度。基尼系数值处于0~1，越靠近左侧表明匹配性越高，公平程度越高，越靠近右侧则反之；其值是根据洛伦兹曲线计算得出，洛伦兹曲线越凸向x轴，则偏离绝对平均线越远，基尼系数越大，匹配程度越差。在

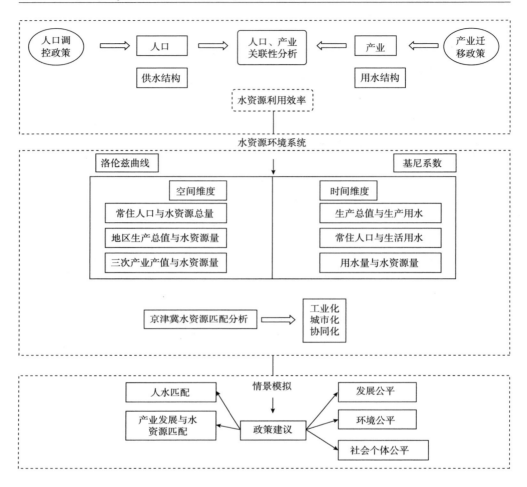

图 4-1 研究思路

本书中，基尼系数被用于评价人口、产业发展过程中水资源分配的公平性，其能从空间及时间维度上反映京津冀三地人口、产业发展与水资源配置的均衡程度。具体步骤如下所示：

（1）在空间维度上，依照京津冀地区各市人均水资源量、产业生产总值等升序排列。

（2）分别计算各市水资源量占京津冀地区水资源总量的比例、各市产业生产总值在区域整体中的占比以及常住人口占京津冀地区水资源总量的比例。

（3）设定 x 轴为水资源累计比，y 轴为常住人口累计比、产业产值累计比，绘制水资源—人口、水资源—产业产值的洛伦兹曲线。

（4）在时间维度上，人口、产业与水资源匹配性分析主要是观察基尼系数的变动趋势，计算公式如下：

$$Gini = 1 - \sum_{i=1}^{n} (X_i - X_{i-1})(Y_i + Y_{i-1}) \qquad (4-1)$$

其中，X_i 为常住人口，Y_i 为水资源量，i 为第 i 个地区，共 n 个地区。

京津冀人口数据来源于《北京统计年鉴》、《天津统计年鉴》和《河北经济统计年鉴》；产业经济数据来源于《北京市国民经济和社会发展统计公报》、《天津市国民经济和社会发展统计公报》和《河北省国民经济和社会发展统计公报》；水资源数据来源于《北京市水资源公报》、《天津市水资源公报》和《河北省水资源公报》。由于自 2014 年起河北的经济统计年鉴中，定州、辛集的数据单独列示，为了统一口径以分析 2010—2018 年京津冀地区各城市的水资源匹配程度，本节研究所使用的保定市数据包括定州市，石家庄市数据包括辛集市。

二、结果分析

图 4-2 为 2000 年、2005 年、2010 年、2015 年京津冀水资源—人口/GDP 洛伦兹曲线，其反映了在不同人口、经济发展阶段特征下，京津冀地区人口、产业与水资源的匹配性关系。

从 2000 年开始，京津冀地区工业生产发展迅猛，工业耗水量剧增。与此同时，由于工业化促使大量农村人口向城镇转移，城市人均水资源量呈现下降趋势。在此背景下，2000 年京津冀水资源与人口基尼系数为 0.48，属于差距偏大状态。保定水资源占京津冀的 13.38%，服务了区域 11.64% 的常住人口，属于京津冀人均水资源量较为充足的地区。然而，部分区域也出现了不平衡的情况，比如承德人均水资源量最丰富，承德与廊坊常住人口数量相近，而前者水资源总量却是后者的近 30 倍。2005 年，京津冀水资源与人口基尼系数为 0.28，属于比较合理状态。2005 年，沧州是京津冀地区水资源最匮乏的城市，人均水资源量仅为 96.68 立方米，沧州以 2.89% 的区域水量养活了占京津冀 7.25% 的人口。2000 年，

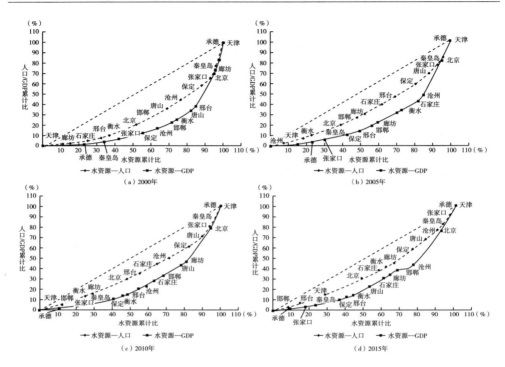

图 4-2　2000 年、2005 年、2010 年、2015 年京津冀水资源—人口/GDP 洛伦兹曲线

京津冀水资源与 GDP 的基尼系数为 0.63，超过了"警戒线"0.4。石家庄作为河北的省会城市，以 2.19% 的水资源量占比贡献了京津冀 GDP 的 9.68%，但总的来说，河北大部分城市由于经济发展与北京、天津差距较大，导致水资源与 GDP 的匹配程度较低。

2010—2014 年，京津冀地区城市化进程明显，第三产业有效带动农村发展，流动人口聚集到大城市，北京、天津人口增长非常明显。此外，城市化水平与人均 GDP 的增长成正比，但也导致人均水资源格局产生变化。2010 年京津冀水资源与 GDP 的基尼系数为 0.48，天津人均水资源量在京津冀中垫底，单位水资源产值排在京津冀第一位，这说明天津具有较强的节水潜力。2010 年，京津冀水资源与人口基尼系数为 0.30，属于比较合理状态。北京水资源量占京津冀的 12.06%，服务了区域 11.22% 的常住人口，属于京津冀人均水资源量较为充足的地区。2010 年，京津冀水资源与 GDP 的基尼系数为 0.48，超过了"警戒线"

0.4。总的来说，河北依然有部分城市水资源与 GDP 的匹配程度较低，比如张家口水资源占比为 10.00%，但其 2010 年 GDP 仅占京津冀的 2.18%。更为不匹配的是承德，2010 年承德水资源量占京津冀的 10.98%，贡献了区域产值的 2.00%。承德水资源总量丰富，常住人口数量少，经济较不发达，应该结合自身资源条件，根据城市功能定位提升水资源与 GDP 的匹配程度。

从 2015 年开始，在京津冀一体化影响下，水资源—人口和水资源—GDP 两条洛伦兹曲线都逐渐向绝对平均线靠近，这意味着京津冀地区人口、产业与水资源分布的匹配性逐渐提升，经济发展与资源分布之间的均衡性处于不断优化的状态。2015 年，京津冀水资源与 GDP 的基尼系数为 0.42，2015 年邯郸人均水资源量在京津冀垫底，单位水资源产值排在第四位，这说明邯郸具有较强的节水潜力。2015 年，京津冀水资源与人口基尼系数为 0.27，属于相对均衡状态。其中，北京水资源量占京津冀的 15.21%，服务了区域 19.48% 的常住人口，属于京津冀人均水资源量较为充足的地区；部分区域也呈现了不平衡的情况，比如张家口人均水资源量为 8.87%，其常住人口数量却只占京津冀的 3.97%，而承德多年来第二、第三产业总产值在京津冀中均处于靠后的位置，经济发展程度、产业结构优化调整整体滞后，导致其单位用水的 GDP 在京津冀中处于末位。因此，优化产业结构升级对于提高水资源利用效率具有有力的效用。

图 4-3 为京津冀水资源—第一产业洛伦兹曲线，反映了农业发展与区域水资源的适应性及匹配性。其中，2000—2009 年，虽然是以工业化为主要旋律，但是第一产业产值仍在缓慢增长，且基本集中在河北。2000 年，京津冀水资源与第一产业产值基尼系数为 0.37，处于比较合理状态，其中唐山、石家庄与邯郸第一产业产值位于京津冀的前三位。2005 年、2010 年、2015 年京津冀水资源与第一产业产值基尼系数分别为 0.23、0.21 和 0.22，处于相对均衡状态，唐山、石家庄与保定第一产业产值在近 10 年间都位于京津冀的前三位，特别在京津冀协同化过程中，北京和河北联合建立了多个农业合作平台，使河北多个城市第一产业更进一步发展，同时通过这种合作机制，也使得京津冀水资源与第一产业匹配程度持续向好发展。

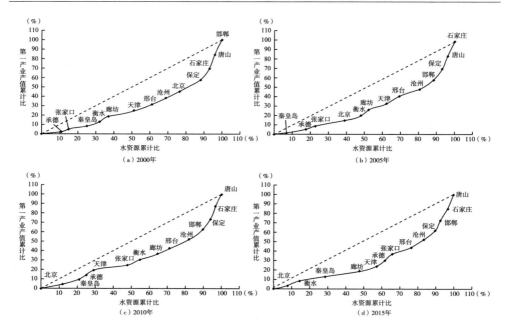

图4-3 2000年、2005年、2010年、2015年京津冀水资源—第一产业洛伦兹曲线

图4-4为京津冀水资源—第二产业洛伦兹曲线。从图中可见，2000年京津冀水资源与第二产业产值的基尼系数为0.53，处于高度不均衡状态，其中，北京处于首位，然后是天津、石家庄。2005年、2010年水资源与第二产业产值基尼系数分别为0.46和0.41，处于差距偏大状态，各城市水资源与第二产业发展还没有适应。2015年水资源与第二产业产值的基尼系数为0.37，处于比较合理状态，各城市水资源与第二产业发展相较于2010年更适应，但仍然非常接近0.4的"警戒线"，其中，天津依然是以第二产业为主的城市，第二产业产值最大，然后是北京、唐山。对比4个关键时间节点发现，天津一直是第二产业产值的主要贡献地，其承担了如航空航天、石油化工等重要产业，且由于工业用水量大，导致京津冀水资源与第二产业产值匹配的差距偏大。因此，如何节约水资源、提高水资源重复利用率，从而提升水资源—第二产业的匹配性问题是亟待解决的问题。

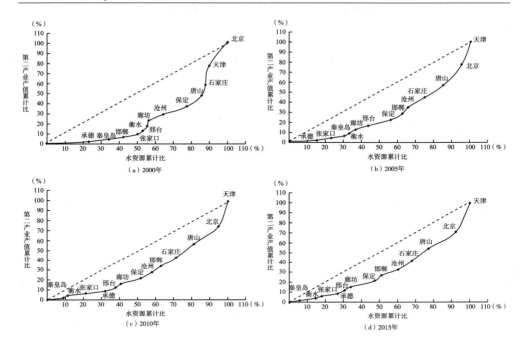

图4-4　2000年、2005年、2010年、2015年京津冀水资源—第二产业洛伦兹曲线

图4-5为京津冀水资源—第三产业洛伦兹曲线，其在2000年、2005年、2010年、2015年的水资源与第三产业产值的基尼系数分别为0.56、0.60、0.55、0.52，始终处于高度不均衡状态。北京第三产业产值最大，然后是天津、石家庄。经分析可知，京津两地水资源难以满足第三产业发展，河北各市水资源相对富余而第三产业未得到充分发展，其第三产业与水资源空间匹配状况极不合理。产生上述现象的主要原因是从2000年开始，京津冀第三产业发展极为迅速，特别是服务业的劳动生产率得到迅速提高，尤其是北京，十年间，第三产业产值几乎翻了7倍，天津也翻了5倍左右。然而，也是由于这种飞速发展，京津冀第三产业规模快速扩大，使用水需求量增加，导致京津冀水资源与第三产业产值高度不均衡；随着城市化进程推进，大量流动人口涌入城市，导致大城市第三产业用水需求量的缺口越来越大，而一体化进程可以通过增长极的极化和扩散效应提升第三产业的竞争力，但是因此而扩大了城市间水资源的不平衡性。

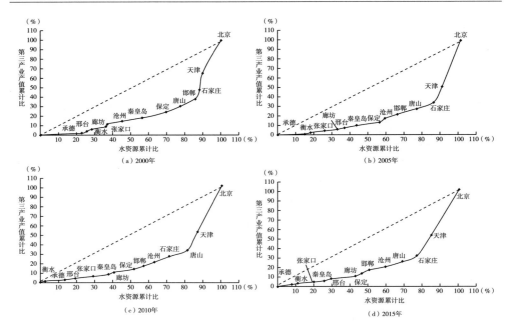

图 4-5 2000 年、2005 年、2010 年、2015 年京津冀水资源—第三产业洛伦兹曲线

第二节 人口、产业转移背景下的
污染排放转移公平性

随着人口规模扩大与经济的发展，水资源消耗量增加，与此同时，大量废水及水污染排放导致的环境问题也日益加剧。在人口、产业转移影响下，区域间人口的输入输出、产业的迁移迁出，将会导致污染物排放随之转移，特别是在京津冀一体化背景下，根据城市功能定位，部分高耗能、高污染企业转向经济较不发达地区，其带来的污染强度及规模远超较不发达地区的水环境承载力及污染治理能力，由此将引发不同地区水污染排放的公平性问题。因此，本章引入基尼系数量化人口、产业转移推进过程中水污染排放的空间变动，通过多视角（包括发展公平、社会个体公平以及环境公平视角）的水污染排放分析，量化各地水污染排

放的匹配性。

一、思路及方法

结合京津冀2000—2018年人口、产业变动情况，应用基尼系数分析京津冀三地人口产业变动与水污染排放匹配性的变化。如图4-6所示，在分析京津冀人口产业转移的基础上，利用基尼系数观察在时间维度上人口、产业、水土资源与水污染排放匹配性的变动趋势，最后从发展公平、社会个体公平以及环境公平三个角度分析近年来人口产业转移对水环境公平性的影响。

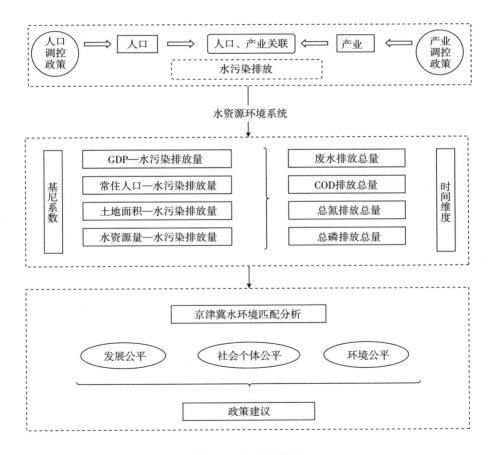

图4-6　技术路线图

基尼系数具体计算公式如下：

$$Gini = 1 - \sum_{i=1}^{n} (X_i - X_{i-1})(Y_i + Y_{i-1}) \qquad (4-2)$$

其中，n 为不同地区，i 为第 i 个地区。

以量化人口与废水排放量的匹配程度为例，式（4-2）中 X_i 为常住人口、Y_i 为污水排放量，i 为不同地区，且当 $i=1$ 时，$(X_0，Y_0)$ 视为（0，0）。量化经济、资源等指标与污染排放的匹配性时同理，用 GDP、土地面积、水资源量代替常住人口，用 COD 排放量、总氮（TN）排放量、总磷（TP）排放量代替污水排放量分别计算基尼系数。

京津冀人口及经济数据参照三地的统计年鉴以及国民经济和社会发展统计公报，水污染排放数据来源于《北京市水资源公报》、《天津市水资源公报》和《河北省水资源公报》。由于河北各城市水污染排放量数据获取困难，因此将河北作为整体计算，这可能会导致河北基尼系数整体偏小，且由于河北经济发展及污染排放存在差异性，进行平均后与京津冀相比，其不平衡性将会缩小。因此，本部分主要观察水污染排放在京津冀三地均衡性的变化趋势，掌握造成不公平性的原因，从而为后续制订水污染减排方案提供参考，缓解经济增长和环境质量改善之间的冲突。

二、结果分析

1. 2000—2018 年京津冀人口、土地、产业与废水排放基尼系数

从经济学角度来看，不同地区同等环境污染排放量下获得的经济收益差距越小，基尼系数越小，水环境匹配程度越高。图 4-7 为 2000—2018 年京津冀产值—废水排放基尼系数，结果显示：第一，京津冀地区生产总值—废水排放总量在研究时段内基尼系数呈现上升趋势，区域间单位 GDP 污染负荷差距逐渐增大，京津冀 GDP 占比与废水排放量占比格局变化明显。2000 年京津冀地区生产总值—废水排放总量基尼系数为 0.028，京津冀三地 GDP 占比分别为 32.26%、17.09%、50.65%，废水排放量占比分别为 34.76%、16.89%、48.35%。这是由于 2000 年京津冀整体环保意识都比较弱，政府对于环保工作不够重视，废水排

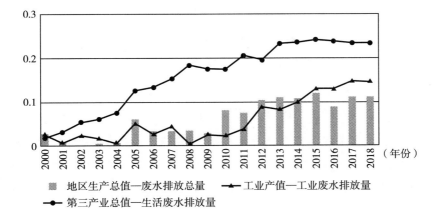

图 4-7　2000—2018 年京津冀产值与废水排放基尼系数

放总量达 38.98 亿吨，污染处理技术整体处于落后的状态，各地单位 GDP 水污染负荷差距很小。2018 年京津冀地区生产总值—废水排放总量基尼系数为0.111，相对于 2000 年增大了将近 3 倍，明显可以看出近年来北京以较少废水排放量创造了较多 GDP，河北以较多的废水排放量反而创造了较少的 GDP。此现象的产生是由于与京津两地相比，河北生产方式较为粗放、水污染排放管理不到位，且产业结构较为落后，河北第二产业占比高，而产业的特点决定了第二产业单位 GDP 污水排放量大于第三产业污水排放量。第二，京津冀工业产值—工业废水排放量也呈上升趋势，由 2000 年的 0.026 升至 2018 年的 0.147。其中，2000 年京津冀工业产值占比分别为 22.23%、20.46%、57.31%，废水排放量占比分别为 27.50%、15.64%、56.85%，此时区域内部没有产业布局政策干预，各类型工业企业分布均匀，且京津冀三地工业发展程度基本持平，因此单位工业产值负荷的水污染排放也基本相同。而 2018 年在京津冀三地中，北京工业废水排放量占比下降非常明显，这与产业转移的推进关系密切，北京仅保留高技术精细工业，大部分高污染企业迁出，这在很大程度上促进了北京工业污水减排；河北本身工业企业技术水平不太高，作为京津冀产业转移的重要承接地，提升技术水平并加强工业水污染排放管理是提升承接能力时必须解决的问题。第三，京津冀第三产业产值—生活废水排放量基尼系数增长趋势也比较明显。2000 年京津冀第三产业产值—生活废水排放量基尼系数为 0.020，2018 年京津冀第三产业产值—生活废水排放量基尼系数为 0.23，其中，河北 2018 年生活废水排放量占比为 2000 年的两倍左右，河北生活废水排放管控不到位导致京津冀单位生活废水所能带来的产值差距大。

图 4-8 展示了 2000—2018 年京津冀人口、水土与废水排放基尼系数，结果显示：第一，京津冀常住人口—废水排放总量基尼系数从 2000 年（0.27）到 2018 年（0.13）整体呈下降趋势，这表明京津冀人口负荷污水排放量差距逐渐缩小。2018 年北京的废水排放总量下降至 13.32 亿吨，但其发展水平明显优于京津冀其他地区，就业机会以及薪资水平较高导致人才仍旧不断涌入，人口密度大于其他地区，人均负荷废水排放量公平性最高。基于常住人口维度，京津冀水污染排放的公平性看似是提升了，但仍不能掩盖存在的问题。通常而言：人口越多废水排放总量越增加，而河北相反，人口占比虽下降，但废水排放占比上升，其原因在于河北经济发展程度相对较差，对于人才的吸引程度不足，常住人口变化不大，且河北高消耗、高排放的制造化工企业较多，因此河北废水排放量增大，人均负荷水污染排放量相比京津两地增长更加明显。第二，2000—2018 年，京津冀水资源量—废水排放总量、土地面积—废水排放总量基尼系数有小幅度的下降趋势，污水排放与环境消解能力的匹配性变化基本稳定的同时有小幅度提升。

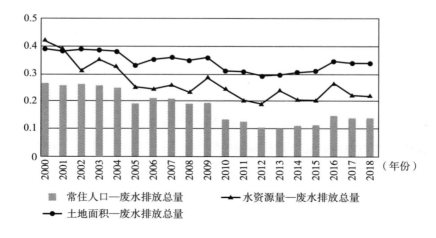

图 4-8　2000—2018 年京津冀人口、水土与废水排放基尼系数

2000 年京津冀土地面积—废水排放量基尼系数为 0.39，匹配性较差，其主要是由京津两地人口产业集聚程度高，废水排放总量过大造成的；2000 年，京津两地废水排放量占比分别为 34.76%、16.89%，而京津土地面积占比分别仅为 7.56%、5.50%；2018 年京津冀土地面积—废水排放量基尼系数为 0.34，匹配性提升主要得益于京津更重视污水排放的控制，其废水排放量占区域排放总量的比例下降速度更快，因此京津冀整体废水排放量与各地污染消解能力匹配性有所提升。

2. 2010—2018 年京津冀 GDP、人口、水土与总氮、总磷排放基尼系数

随着环保意识的增强，水污染排放管理逐渐加强，2010 年后统计年鉴加入了农业面源污染统计，因此选取 2010 年后的数据来分析京津水污染中总氮、总磷排放的匹配性。图 4-9 为 2010—2018 年京津冀 GDP、人口、水土与总氮、总磷排放基尼系数，结果显示：第一，2010—2018 年京津冀 GDP—总氮排放量与 GDP—总磷排放量基尼系数变化趋势相同，稳中有降，匹配程度提升，其主要原因在于严格的污染管控使京津冀整体总氮、总磷排放量下降，而且河北有巨大的减排潜力。因此，河北总氮、总磷排放量占比下降最为明显，即相对于 2010 年，2018 年河北总氮、总磷排放量占比分别下降 15.40%、22.88%。第二，京津冀常住人口与总氮排放量的基尼系数在 2016 年有一个低点为 0.011，2018 年京津冀总氮排放量中三地占比分别为 14.81%、19.03%、66.16%。其中，河北总氮排放量大幅减少，所占比例相比于上一年降低了 18%，缩小了与京津两地人均负荷氮排放量的差距；总磷排放总量也由上一年的 5.16 万吨骤降至 2018 年的 0.78 万吨，河北总磷排放占比稳定下降，使得京津冀人均总磷排放负荷公平性提升。第三，各地的水土资源往往与其污染消解能力成正比，因此应用水土资源指标来分析总氮、总磷排放与自然环境禀赋的匹配性。2010—2018 年，京津冀土地面积、水资源量分别与总氮、总氮排放量基尼系数基本小于 0.2，总氮、总磷排放量与各地区水、土资源匹配程度高。农业为氮磷水体污染主要污染源，河北是农业大省，因此京津冀地区氮磷污染主要集中于河北，而河北土地资源相对丰富，因此匹配性高。

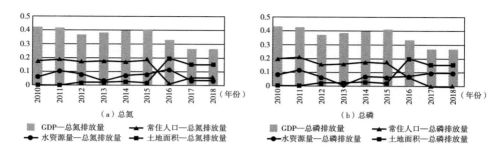

（a）总氮 （b）总磷

■ GDP—总氮排放量　　▲ 常住人口—总氮排放量　　■ GDP—总磷排放量　　▲ 常住人口—总磷排放量
● 水资源量—总氮排放量　■ 土地面积—总氮排放量　　● 水资源量—总磷排放量　■ 土地面积—总磷排放量

图 4-9　2010—2018 年京津冀 GDP、人口、水土与总氮、总磷排放基尼系数

3. 2005—2018 年京津冀 GDP、人口、水土与 COD 排放基尼系数

COD 排放量主要与生活污水排放量和工业污水排放量相关，通过计算 GDP、常住人口、土地面积和水资源量与 COD 的基尼系数，分析京津冀三地 COD 排放量的公平性情况，但如果仅基于 GDP 与人口的角度分析污染排放的匹配性，容易与各地的自然禀赋脱节而造成结论不合理，因此加入水土资源与 COD 排放量匹配性的分析。图 4-10 为 2005—2018 年京津冀 GDP、人口、水土与 COD 排放基尼系数，结果显示：第一，2005—2018 年水土资源量与 COD 排放基尼系数基本不超过 0.1，匹配性程度较好，这意味着京津冀区域发展带来的污染与地区自然资源环境是比较匹配的。河北虽然水土资源相对丰富，但是在水污染排放管控方面仍旧不能放松，在水污染处理技术水平方面应向京津两地看齐。第二，2016年京津冀 COD 排放总量整体下降，体现了重视水污染治理所收到的成效，其中河北治理效果尤其显著，COD 排放量减至上一年的 1/3，京津冀人均负荷 COD 排放量差距缩小，常住人口与 COD 排放量匹配性提升。第三，GDP 与 COD 排放量的匹配程度从 2005 年的 0.27 逐渐升至 2018 年的 0.33，说明随着产业的承接转移，区域 GDP 与 COD 排放的公平性在降低，这是由于区域间产业结构异质性增强引起的。例如，北京以第三产业为主，工业 COD 排放量逐渐减少，COD 排放总量下降明显；与之有明显对比的河北产值占比为 42.21%，COD 排放量在区域中占比为 73.62%，河北第二产业发展模式粗放，生活污水排放管理不到位，造成 COD 排放比例升高，这就导致北京与河北单位 GDP 的 COD 排放量差距越来越大。

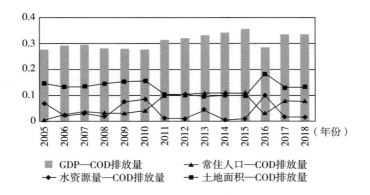

图 4-10　2005—2018 年京津冀 GDP、人口、水土与 COD 排放基尼系数

第三节　结论

首先，考虑社会个体公平的问题。北京人口密度高，生态压力大，将部分劳动密集的制造型产业迁往河北有利于缓解北京地区水生态压力，同时带动河北发展；兼顾各地生态容量不同，河北经济发展程度较低，生态容量较大，因此京津冀人口产业转移也符合环境公平性。然而，在人口、产业转移过程中，如果仅只转移高耗能、高污染企业，产业结构升级不足，则容易加大河北单位人口或 GDP 排放增大，加剧北京与河北单位人口或 GDP 排放的差距，导致不公平现象产生。因此，在产业承接转移过程中，应合理考虑产业升级及水资源利用效率的提高，才能有效缩小京津冀三地单位 GDP 耗水的差距，提升用水公平性。

其次，考虑发展公平的问题。从 GDP 与水污染排放的匹配性来看，京津冀地区应合理规划河北污染减排目标。如果仅考虑经济因素，那么在进行水污染总量削减配额（减排）分配时，经济实力越弱的地区分配的削减配额则越大，而经济实力强的京津地区分配的削减配额往往越小。从另一个方面考虑，京津两地经济发展态势好，有能力支持污染物减排所带来的经济投入，河北经济发展相对落后，污染处理能力有限，如果一味强调污染物减排反而会影响河北社会发展。因此，从缩小发展差距的角度而言，经济发达地区应多分配减排目标，引导产业结构升级，大力发展绿色循环经济，带动区域经济发展；经济欠发达地区应适当减少减排目标，承接重大项目落地，促进当地产业结构优化；在减排目标分配的基础上，可以通过市场机制或生态补偿机制来弥补欠发达地区由于产业转移导致污染转移带来的环境外部负作用。

最后，在京津冀区域经济发展与城市定位相适应的背景下，也要注意城市间发展差距，环境发展失衡也会带来一系列社会问题。因此，应对经济发展功能区少分配减排目标，对生态涵养功能区域多分配减排目标，结合各城市的功能定位进行污染物减排方案制定，才能更好地实现区域发展战略。

第五章　京津冀人口、产业绿色发展程度评价及关键技术因素分析

第一节　人口、产业绿色发展研究背景

绿色发展是以人与自然和谐为价值取向，建立在生态环境容量和资源承载力的约束条件下，将环境保护作为实现可持续发展重要支柱的一种新型发展模式，其实现过程需要将资源环境作为社会经济发展的内在要素，将可持续发展作为目标，并把"绿色化"和"生态化"融入社会经济活动过程和结果中。然而，目前京津冀在协同化发展过程中，由于增长方式、规划管理、绿色驱动、投入保障以及承载力存在一定问题，导致其绿色发展程度不高，人口、资源环境问题显著，主要包括以下问题。

第一，发展方式不够绿色，造成经济增长方式粗放，具体表现为产业结构偏重工业以及消费方式不可持续。目前京津冀地区虽然第三产业占比快速上升，但是依然保持偏重的产业结构，单位 GDP 耗水及排废水较大，高耗能、高污染企业的过度排放造成生态环境恶化，令资源环境不堪重负。在消费方式方面，消费者尚未意识到环境恶化对其生活质量或生活方式的巨大影响，部分消费者及企业仍然以浪费资源与牺牲环境为代价进行大批量生产、销售和购买产品。

第二，规划管理不够绿色，导致京津冀后期发展面临巨大资源环境压力。目前，京津冀一体化提出了不同的城市功能定位，但是城市间在绿色规划方面仍不能形成合力。一方面，重视了缓解核心区域的资源环境压力，而忽视了人口、产业转移对落后地区带来的环境负外部性；另一方面，对于区域间绿色发展的要求、标准还不够明确，缺乏合理有效的绿色规划效果衡量标准和评估机制。同时，保障的力度也有提升空间，相关绿色发展框架下的机制、体制政策匹配度也不尽完善。

第三，绿色发展市场驱动力不足，导致企业绿色转型难，绿色产品无法真正发挥作用。目前，由于京津冀地区缺乏统一的强制性绿色市场准入限制，导致部分高耗能、高污染企业没有动力进行产业升级及技术投入。与此同时，在市场中绿色产品往往需要投入较高成本，且制约因素较多，市场激励不足，导致绿色产品无法真正促进生产绿色转型。

第四，理念不够绿色，制约了绿色技术的推广和绿色管理能力的提升。目前，绿色产品除了市场准入之外，主要依靠政府补贴来提高其推广程度，但是由于消费者理念不够绿色，导致绿色产品推广不畅。与此同时，管理者的管理理念不够绿色，导致技术创新和制度创新动力不足，难以推动绿色发展。

第五，环境承载力不够绿色，成为京津冀发展的瓶颈问题，制约社会经济可持续发展。受到城市化进程影响，目前京津冀水资源及生态环境系统受到一定程度的破坏，且近年来人口经济发展压力过大，导致京津冀水资源环境承载力一直处于高负荷状态。在气候变化和人为扰动的双重影响下，目前京津冀水资源环境承载力的健康度、可持续发展度、协调度都不容乐观。

因此，应充分辨析绿色发展程度对京津冀城市人水关系的影响，并将其主要影响因素进行剥离及重点剖析，这将有利于全面推进京津冀的绿色发展，促进社会经济与水资源环境的可持续发展。

第二节　人口、产业绿色发展研究框架

　　本节通过对京津冀研究文献、相关数据以及政策文件的梳理，综合考虑京津冀的发展目标、城市功能定位、调控目标、产业转移承接等方面因素，结合绿色发展理论，构建京津冀的绿色发展框架，从而对京津冀绿色发展指数进行测度，并对关键因素进行识别分析，为后续研究进行绿色情景模拟搭建框架基础，以便为科学评价京津冀的绿色化发展程度提供精准指导，为政策调控提供充足的空间与决策依据。

　　图5-1为京津冀绿色发展框架，该框架从人口、产业与政府投入和水资源现

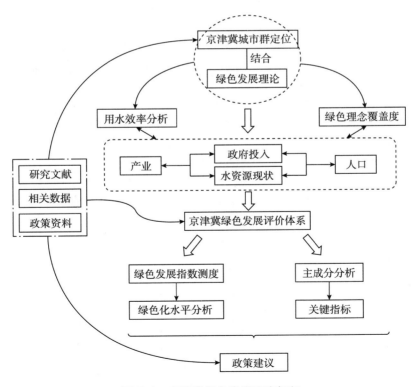

图5-1　京津冀绿色发展研究框架

状的相互影响出发，引入绿色理念，从人口、产业、水资源环境、政府四个层面来评价分析京津冀绿色发展程度。在此基础上，进行关键因素识别，利用主成分分析法对各指标的影响度进行计算和排序，衡量每个指标的贡献，从而筛选出对京津冀绿色发展影响较大的关键指标，为后续进行绿色情景模拟打下基础。

第三节　人口、产业绿色发展程度评价

一、研究过程

1. 指标体系构建

从构建绿色发展测度指标的目标来看，其主要是反映对绿色发展的内涵、机制及模式的判断，因此，在构建京津冀城市人口、产业绿色发展框架时，应充分考虑以下因素：①绿色发展的现状和水平；②影响因子之间的互动；③政府的调控和管理；④企业及公众的参与。因此，本部分构建如表5-1所示的绿色发展评价指标体系，其中涉及人口、产业、政府及水资源环境四大方面内容，包含4个一级指标，10个二级指标及20个三级指标，指标之间相互作用、互相影响，矛盾突出。通过计算相关指标之间的绿色发展系数来探析京津冀水资源绿色发展程度。

表5-1　绿色发展评价指标体系

一级指标	二级指标	基础指标
人口（A1）	生活消费（B1）	城市人均生活用水量（升）（C1）
		用水户实际用水量重复利用率（%）（C2）
	就业（B2）	绿色发展行业就业人数比例（%）（C3）
		绿色GDP占比（%）（C4）

续表

一级指标	二级指标	基础指标
产业（A2）	产业结构（B3）	产业高度化（%）（C5）
	产业用水效率（B4）	第一产业亿元 GDP 耗水（立方米/元）（C6）
		第二产业亿元 GDP 耗水（立方米/元）（C7）
		第三产业亿元 GDP 耗水（立方米/元）（C8）
		城市工业用水重复利用率（%）（C9）
		节水灌溉面积（千公顷）（C10）
	产业排放（B5）	工业排放废水达标率（%）（C11）
政府（A3）	财政投入（B6）	城市节水措施投资总额（万元）（C12）
		环境污染治理投资占 GDP 比重（%）（C13）
		污水处理公用设施建设固定资产投资额（万元）（C14）
	污水治理（B7）	城市污水处理率（%）（C15）
		城市污水处理厂二、三级处理能力（万立方米/日）（C16）
	教育宣传（B8）	R&D 经费投入强度（%）（C17）
水资源环境（A4）	生态环境（B9）	湿地面积（千公顷）（C18）
	水资源开发效率（B10）	人均水资源量（立方米/人）（C19）
		城市生态用水占比（%）（C20）

2. 数据来源

2000—2018 年京津冀人口、经济与环境数据主要来源于《中国统计年鉴》《中国环境统计年鉴》《北京统计年鉴》《天津统计年鉴》《河北经济年鉴》等。表 5-2 至表 5-4 展示了京津冀各指标的部分时间序列数据。

表 5-2 北京数据

一级指标	二级指标	基础指标	2000 年	2005 年	2010 年	2015 年	2017 年
人口	生活消费	城市人均生活用水量（升）	248.8	152.9	174.92	183.81	188.01
		用水户实际用水量重复利用率（%）	17	25.2	27.38	18.19	30.12
	就业	绿色发展行业就业人数比例（%）	0.200	0.235	0.280	0.327	0.334
		绿色 GDP 占比（%）	0.350	0.380	0.404	0.459	0.391
产业	产业结构	产业高度化（%）	64.8	69.6	75.1	79.7	80.6
	产业用水效率	第一产业亿元 GDP 耗水（立方米/元）	0.055	0.069	0.09	0.047	0.045
		第二产业亿元 GDP 耗水（立方米/元）	0.005	0.004	0.002	0.001	0.001

续表

一级指标	二级指标	基础指标	2000 年	2005 年	2010 年	2015 年	2017 年
产业	产业用水效率	第三产业亿元 GDP 耗水（立方米/元）	0.006	0.004	0.001	0.001	0.001
		城市工业用水重复利用率（%）	40	35	32.48	8.2	17.6
		节水灌溉面积（千公顷）	315	309.23	285.8	197.2	200.7
	产业排放	工业排放废水达标率（%）	92.6	99.4	98.75	96.2	97.8
政府	财政投入	城市节水措施投资总额（万元）	8700	9500	10893	17436	30389
		环境污染治理投资占 GDP 比重（%）	0.009	0.012	0.016	0.018	0.024
		污水处理公用设施建设固定资产投资额（万元）	43000	47000	53821	138960	709907
	污水治理	城市污水处理率（%）	39.4	62.4	82.09	88.41	97.53
		城市污水处理厂二、三级处理能力（万立方米/日）	230.7	288.5	349.7	442.5	665.6
	教育宣传	R&D 经费投入强度（%）	5.2	5.5	5.82	6.01	5.64
水资源环境	生态环境	湿地面积（千公顷）	34.4	34.4	34.4	48.1	48.1
	水资源开发效率	人均水资源量（立方米/人）	127.8	151.2	124.2	124	137.2
		城市生态用水占比（%）	0.020	0.032	0.114	0.272	0.322

表 5-3　天津数据

一级指标	二级指标	基础指标	2000 年	2005 年	2010 年	2015 年	2017 年
人口	生活消费	城市人均生活用水量（升）	131.8	123.6	132.04	119.58	145.91
		用水户实际用水量重复利用率（%）	90.2	93.4	95.29	91.97	92.83
	就业	绿色发展行业就业人数比例（%）	0.244	0.257	0.625	0.308	0.166
		绿色 GDP 占比（%）	0.320	0.350	0.381	0.406	0.542
产业	产业结构	产业高度化（%）	44.9	42.3	45.8	52.2	58
	产业用水效率	第一产业亿元 GDP 耗水（立方米/元）	0.09	0.087	0.085	0.058	0.048
		第二产业亿元 GDP 耗水（立方米/元）	0.001	0.001	0.001	0.001	0.001
		第三产业亿元 GDP 耗水（立方米/元）	0.004	0.003	0.001	0.001	0.001
		城市工业用水重复利用率（%）	90.2	93.6	95.86	94.1	94.7
		节水灌溉面积（千公顷）	180.5	196.63	275.29	207.55	235.4
	产业排放	工业排放废水达标率（%）	97.6	99.6	98.3	98.8	99.3

续表

一级指标	二级指标	基础指标	2000 年	2005 年	2010 年	2015 年	2017 年
政府	财政投入	城市节水措施投资总额（万元）	130	160	200	524	144
		环境污染治理投资占 GDP 比重（%）	0.013	0.018	0.012	0.008	0.004
		污水处理公用设施建设固定资产投资额（万元）	58930	67300	78490	49725	95478
	污水治理	城市污水处理率（%）	58.8	58	85.3	91.54	92.58
		城市污水处理厂二、三级处理能力（万立方米/日）	150.7	188.6	204.2	283.3	290.5
	教育宣传	R&D 经费投入强度（%）	1.8	2.2	2.49	3.08	2.47
水资源环境	生态环境	湿地面积（千公顷）	171.8	171.8	171.8	295.6	295.6
	水资源开发效率	人均水资源量（立方米/人）	31.46	102.87	72.8	83.6	83.4
		城市生态用水占比（%）	0.028	0.032	0.047	0.100	0.189

表 5-4　河北数据

一级指标	二级指标	基础指标	2000 年	2005 年	2010 年	2015 年	2017 年
人口	生活消费	城市人均生活用水量（升）	184.03	144.6	122.96	119.13	122.39
		用水户实际用水量重复利用率（%）	85	88.2	93.17	84.65	53.78
	就业	绿色发展行业就业人数比例（%）	0.200	0.224	0.240	0.220	0.201
		绿色 GDP 占比（%）	0.330	0.370	0.400	0.459	0.391
产业	产业结构	产业高度化（%）	33.79	33.32	34.88	40.49	41.8
	产业用水效率	第一产业亿元 GDP 耗水（立方米/元）	0.05	0.048	0.056	0.043	0.036
		第二产业亿元 GDP 耗水（立方米/元）	0.003	0.002	0.002	0.002	0.001
		第三产业亿元 GDP 耗水（立方米/元）	0.004	0.004	0.003	0.002	0.002
		城市工业用水重复利用率（%）	90	92.3	94.64	94	87
		节水灌溉面积（千公顷）	2310	2405.21	2698.83	3139.98	3415.7
	产业排放	工业排放废水达标率（%）	71	96.3	93.1	96	95.2
政府	财政投入	城市节水措施投资总额（万元）	10000	15000	18964	147	9460
		环境污染治理投资占 GDP 比重（%）	0.010	0.012	0.018	0.013	0.017
		污水处理公用设施建设固定资产投资额（万元）	274030	238500	154181	44581	130279

续表

一级指标	二级指标	基础指标	2000 年	2005 年	2010 年	2015 年	2017 年
政府	污水治理	城市污水处理率（%）	48	53.76	92.3	95.34	97.79
		城市污水处理厂二、三级处理能力（万立方米/日）	305.2	323.7	341.1	431.4	583.2
	教育宣传	R&D 经费投入强度（%）	0.48	0.56	0.76	1.18	1.26
水资源环境	生态环境	湿地面积（千公顷）	1081.9	1081.9	1081.9	941.9	941.9
	水资源开发效率	人均水资源量（立方米/人）	196.2	197	195.3	182	184.5
		城市生态用水占比（%）	0.010	0.011	0.015	0.016	0.017

3. 指标标准化

为了统一各评价指标的单位与量纲，采用极差法对数据标准化处理，具体计算公式如下：

$$X_{ij} = \frac{x_{ij} - \min x_j}{\max x_j - \min x_j} \tag{5-1}$$

$$R_{ij} = \frac{\max x_j - x_{ij}}{\max x_j - \min x_j} \tag{5-2}$$

式（5-1）为正向作用指标，式（5-2）为负向作用指标。其中，X_{ij} 和 R_{ij} 分别为第 i 年第 j 项指标的原始值和标准化值，$\max x_j$ 和 $\min x_j$ 分别为第 j 项指标的原始最大值和原始最小值。

4. 计算绿色发展指数

构建如下模型来计算绿色发展指数：

$$F = \sum_{i=1}^{4} W_i \left(\sum_{j=1}^{n} R_{ij} W_{ij} \right) \tag{5-3}$$

其中，F 为绿色发展程度指数；W_i 为第 i 子系统权重，由于人口、产业、政府和水资源环境对于京津冀的绿色发展来说都具有不可替代的作用，并且很难区分孰轻孰重，因此本书用简单平均法进行赋权；W_{ij} 为第 i 子系统中第 j 项指标权重；n 为第 i 子系统所包含的指标个数。

5. 确定绿色化水平

为确定京津冀绿色发展水平确定评价区间，本书参考国内外指数分级方法

（沈德熙、熊国平，1996；Bolund and Hunhammar，1999；荣冰凌等，2009；陈永生，2011），并在目前国内外绿色发展等级划分的基础上，依据本次评价选取指标，运用空间分类方法中的等间隔法将绿色发展等级分为四个分级标准：高水平、相对高水平、相对低水平、低水平。如表5-5所示，绿色发展指数 F 越接近1，表示绿色发展程度越高。

表5-5　绿色发展测量结果区间

绿色发展水平评级	绿色发展测量结果区间
高水平	≥0.5
相对高水平	0.4~0.5
相对低水平	0.3~0.4
低水平	≤0.3

二、结果分析

图5-2为2000年、2005年、2010年、2015年、2017年的京津冀绿色发展指数。京津冀绿色发展水平整体有所提升，其中北京始终保持稳定增长趋势，且在2017年增长速度陡然攀升；天津在2000—2010年保持缓慢增长趋势，但2010—2017年却呈现波动态势；河北在2010年之前保持稳定增长趋势并好于北京和天津，但在2010年后却出现了持续下降趋势，主要原因在于政府财政投入中污水处理公用设施建设固定资产投资额在三地呈现不同趋势，其中北京由2000年的4300万元上升到2015年的13900万元，进而攀升到2017年的71000万元，天津由2000年的5900万元上升到2010年的7800万元，进而在2015年下降到5000万元，又在2017年回升到9500万元，而河北由2000年的27400万元下降到2017年的13000万元。总体来看，政府出台的一系列节水减排措施初见成效，人们节水意识有所增强，企业生产逐渐趋向绿色化。

整体来看，京津冀绿色发展水平均有不同程度的提升，但其发展进程及内在动因亟待进一步研究。为了更好地对京津冀绿色发展水平进行分析，充分了解其增长的动力来源，保证京津冀经济的持续增长，依据评价指标构建的角度，从人

口、产业、政府以及水资源环境四个方面对京津冀绿色发展进程进行分阶
（2000—2010 年、2010—2015 年以及 2015—2017 年）解析。

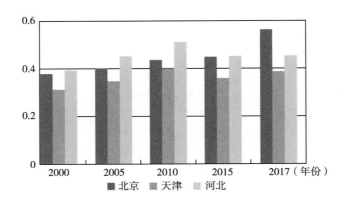

图 5-2　2000—2017 年京津冀绿色发展指数

1. 2000—2010 年

图 5-3 为 2000 年、2005 年、2010 年京津冀绿色发展程度变化情况。结果显
示，京津冀地区绿色发展程度在此期间较为均衡，各指标贡献份额相当，绿色发
展综合指数呈现上升趋势，但是区域间综合指数差异呈现不断增大趋势，其中河
北保持较高水平，天津市较低。具体来看，一方面，河北城镇化建设显著，大量
人口迁移至城市，接受更良好的教育，从而绿色意识相对有所增强；另一方面，
河北的工业规模较小，通过普及污水处理设施和提高工业排放废水达标率，可以
有效促进绿色生产，使河北的绿色发展指数从 0.39 提升到了 0.51。北京实行较
为严格的节能减排措施，例如，降低第二产业万元 GDP 耗水，提高工业排放废
水达标率等，同时工业化的发展伴随大量有知识、高水平的人口迁移至北京，他
们具有良好的绿色意识和节约理念。此外，政府出台相关落户积分政策以平衡人
口和产业的迅速增长，保证绿色发展指数平稳上升，使其从 0.38 上涨到了 0.43，
从较低水平过渡到了较高水平。天津作为工业城市，工业生产比重较高，污染排
放较多，所以绿色发展指数一直维持在较低水平。2000—2010 年，天津加大治
污力度，加大污水处理投资，减少工业排废，提升用水重复利用率等促进工业绿

色发展，有效促使天津的绿色发展指数从 0.31 提升到了 0.39。

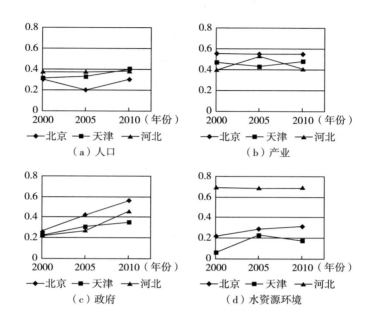

图 5-3　2000 年、2005 年、2010 年京津冀绿色发展指数

2000—2010 年京津冀绿色发展指数的提升主要得益于城镇人口子系统的发展。尤其河北是人口大省，"十一五"期间河北城镇人口年均增长率为 4.39%，2010 年末城镇人口占总人口比重较 2006 年末增长了 14.7%。然而从产业结构来看，由于河北省内产业结构落后，科学技术水平较低，河北经济发展并不理想，虽然政府治理有所增加，但是其体现出来的水资源环境压力仍比较大，因此导致水资源环境绿色发展指数下降。北京在"十一五"期间，城镇化发展促进城镇人口数量及比例提高，水资源短缺和空间局限性问题显著，人口、产业、水资源环境耦合性并不协调，而政府调控虽然起到一定作用，但是在此期间尚未完全凸显出来。天津在此期间绿色发展指数评分值最低，主要是由于外来人口增多，人口基数迅速扩张，而天津的供水能力及污水处理能力无法跟上城镇化步伐，人口与水资源环境的耦合性较差，大量人口涌入为当地的经济发展带来活力的同时，也给水资源环境的协调带来了一定的挑战。

2. 2010—2015 年

图 5-4 为 2010 年、2015 年京津冀绿色发展程度变化情况，由于此阶段城市化进程提速，导致三地绿色发展趋势及速度均出现差异。其中，只有北京绿色发展综合指数呈现出上升趋势，河北和天津却出现了相反的变化，绿色发展指数呈现下降趋势，且天津仍处于低位，区域间绿色指数差异增大。具体而言，北京第三产业占比明显提升，绿色行业得到大力支持。截至 2015 年年底，北京绿色发展行业就业人数比例高达 32.6%，绿色 GDP 占比达到 45.9%；产业优化转型，高污染高能耗企业陆续迁出北京，绿色发展指数稳定在 0.43~0.44。尽管天津亦实施了诸如加大节水措施投资、提升城市污水处理能力等措施，但是由于城市化进程中人口激增带来的消耗和污染增加，其绿色发展指数仍然有所下降，从 0.4 下降到了 0.36。与此同时，河北经济迅猛提升，伴随产生的工业污染增多，耗水增加，能源清洁度下降，绿色发展指数从 0.5 下降到了 0.45。

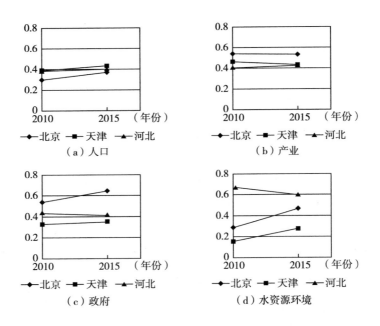

图 5-4 2010 年、2015 年京津冀绿色发展指数

京津冀这五年间，城市化进程有了明显的加快。其中，北京城镇化发展速度较快，而天津城镇化发展水平偏低。北京城镇化发展速度较快主要得益于城镇化下人口、产业、政府的协调发展，北京为了疏解非首都功能，把较大精力和资源投入到通州建设；"十二五"期间北京城镇人口子系统发展水平降低，这主要是由于"十二五"期间北京严控人口规模，常住人口、常住外来人口的增速、增量实现双下降，城镇人口密集问题得以缓解，从而导致人口绿色发展指数呈现上升态势。河北虽然绿色发展指数呈现下降趋势，但是总体上看依然略高于北京，此期间河北城镇化的进步依旧依赖于人口指标的加持。河北作为城镇化程度最低的区域，其人口红利仍在持续发挥效用，通过人口、产业、政府的合力发展，继续保持着较快的综合绿色增长率。总体来看，京津冀整体的城市化在2010—2015年有了很大的提升，京津冀的城市化转型带动了区域的经济发展，稳定了绿色发展水平。

3. 2015—2017 年

图5-5为2015年、2017年京津冀绿色发展程度变化情况。自2014年京津冀协同发展开始上升为国家战略以来，一系列协同发展措施将京津冀的资源进行了重新配置。从区域人口协同来看，京津冀总人口已超过1亿，过多的人口使得京津冀面临着水资源环境持续恶化、城镇体系发展失衡、区域与城乡发展差距不断扩大等突出问题。如图5-5所示，政府加大绿色理念的宣传，提升普及度，多措并举使北京绿色发展指数由0.44上升到0.56。天津通过宏观调控，促进人口、产业与水资源环境的协调发展，大力发展第三产业，使第三产业从业人员数量有所提高，促进了绿色经济的发展，从而使绿色发展水平有一定程度的回升。河北尽管承接了从北京疏解出的大量重工业，但是持续对污染进行治理，并不断提高环保投资，使得河北绿色发展水平保持稳定，初步展现了城镇化的红利，绿色理念逐渐深入人心。

2015—2017 年，京津冀更加注重绿色发展理念，在我国的产业转型升级大背景下，京津冀实现了由要素驱动向创新驱动的转变、由低端制造向优质高效的转变、由粗放制造向绿色制造的转变以及由生产型制造向服务型制造的转变。具体而言，京津冀依托北京、天津先进的技术和强大的创新能力，促进河北的产业升级，淘汰落后产能，形成上中下游分工明确的产业链条，实现了整个区域产业的转型升级。在水资源环境方面，京津冀实施水环境治理联控机制，提升城市生态用水占比，将京津冀作为整体来管理和保护水资源，使人均水资源量有所提升。从 2015 年开始，京津冀协同一体化不断提升，有望在 2030 年实现全面一体化。

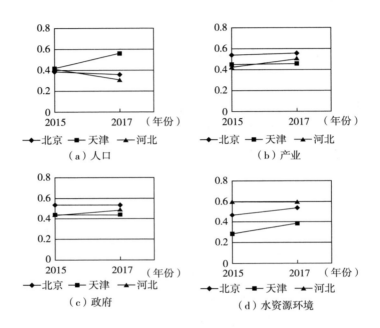

图 5-5　2015 年、2017 年京津冀绿色发展指数

三、主要结论

总体来看，京津冀绿色发展水平有所提升，其中北京绿色化水平较高，产业结构高度化指数增长稳定，而天津、河北绿色化水平仍有待提高。结合所得数据可以获得如下结论：

第一，京津冀三地绿色发展指数的发展动因具有较大的地区差异性。"十一五"期间，河北绿色发展指数最高，高于北京和天津，且京津冀三地经济发展水平的提升都主要得益于人口的大量涌入，但并未对水资源环境造成过重的负担。"十二五"期间，北京发展较快，而河北和天津绿色发展指数呈下降趋势。北京绿色发展指数提升主要得益于城市化的发展与产业结构升级，河北仍然依赖于人口红利带来的显著效果，而天津尚处于较重的人口负担为产业结构与水资源环境带来巨大压力的阶段。"十三五"期间，京津冀协同发展取得重大进展，并更加注重绿色发展，尤其是北京绿色发展指数攀升，体现其非首都功能疏解取得重要成果；天津凭借先进的技术和强大的创新能力也使绿色发展指数呈现上升趋势；河北在战略协同下淘汰落后产能，形成上中下游分工明确的产业链条，实现整个区域产业的转型升级。

第二，京津冀在绿色产业的投入与效果方面存在差异。首先，在用水效率上，河北工业用水效率不高。在推进北京产业疏解的过程中，河北作为重要承接地，其第二产业发展迅速，但是一直以来用水效率不高，提高其工业用水效率不仅有利于河北的绿色发展，还会促进京津冀整体绿色协同化的推进。其次，在投入强度上，河北和天津在绿色行业 R&D 经费的投入强度方面也不及北京。加大对绿色行业的投资，一方面，可以普及绿色理念，使人们对于绿色可持续理念的认识得以提高，减少污染排放；另一方面，还可以带动绿色产业发展，促进产业结构升级，从而提高用水效率。

总之，要想走出当前京津冀共同面临的水资源环境困境，提高京津冀的绿色发展水平，京津冀三地必须秉承"优势互补、合作共赢"的理念，做到"防治结合"，在立法、组织、标准、管理、补偿、惩治等诸多方面达成一致，形成三地联动治理机制，这样才能在协同发展的同时，实现人水和谐、生态友好、绿色发展的美好愿景。

第四节　人口、产业绿色发展关键因素分析

在对众多绿色发展的个体指标进行分析时，需要将冗杂的个体指标通过主成分分析法进行分解和简化，并配以权重，以实现全部指标数据降维。因此，本部分在充分了解人口、绿色发展的影响因素后，利用主成分分析法对人口、产业绿

色发展对于水资源环境影响的主要因素进行排序，筛选关键技术因素，对其进行辨识分析，最终获得关键指标，有利于后续构建绿色政策发展情景。

一、利用主成分分析法确定关键指标

1. 原理

主成分分析法是利用降维的思路，从研究原始变量相关矩阵内部的依赖关系出发，把一些具有错综复杂关系的变量归结为少数几个综合因子。本部分利用主成分分析的这一特点，通过计算主成分对各评价指标的方差贡献以及主成分的得分系数（即主成分与评价指标间的相关系数），确定各评价指标对于绿色发展指数的相关系数，从而对其重要性进行排序，并根据排序来筛选影响人口、产业绿色发展水平的关键指标。

2. 主成分分析法步骤

主成分分析法步骤主要分为数据标准化、求取协方差矩阵的特征值、计算相关系数矩阵、选择主成分、计算主成分载荷和计算主成分得分系数。

第一步，数据标准化。具体原理如式（5-1）所示。

第二步，求取协方差矩阵的特征值。协方差矩阵的计算表达式为：

$$R = (S_{ij})_{p \times p}, \quad (i = 1, 2, \cdots, p; j = 1, 2, \cdots, p) \tag{5-4}$$

$$S_{ij} = \frac{1}{n-1} \sum_{k=1}^{n} (x_{ki} - \overline{x}_i)(x_{kj} - \overline{x}_j) \tag{5-5}$$

其中，R 为协方差矩阵，S_{ij} 为协方差矩阵中第 i 行和第 j 列所对应的具体数值，i 为行数，j 为列数，p 为矩阵的维数，$i = 1, 2, \cdots, p$，$y = 1, 2, \cdots, p$，n 为样本个数，k 为样本变量值，x_{ki} 为第 k 个样本中第 i 个变量的值，$\overline{x}_i$ 为所有样本中第 i 个变量的平均值，x_{kj} 为第 k 个样本中第 j 个变量的值，$\overline{x}_j$ 为所有样本中第 j 个变量的平均值。

选取协方差矩阵的前 m 个较大的特征值，也就是前 m 个主成分对应的方差。某一特征值所对应的单位特征向量就是主成分关于原变量的系数，则原变量的第 i 个主成分为：

$$F_i = a'_i X \tag{5-6}$$

其中，F_i 为所提取的主成分，a_i 为某一特征值所对应的单位特征向量，X 为原变量值。主成分的方差（信息）贡献率用来反映信息量的多少，其表达式为：

$$a_i = \lambda_i \Big/ \sum_{i=1}^{m} \lambda_i \qquad\qquad (5-7)$$

其中，a_i 为主成分的方差贡献率，λ_i 为第 i 个主成分的特征值，m 为选取协方差矩阵特征值的个数。

第三步，通过 SPSS 求解相关系数矩阵。

第四步，选择主成分。主成分的累计方差贡献率表达式为：

$$G(m) = \sum_{i=1}^{m} \lambda_i \Big/ \sum_{k=1}^{p} \lambda_k \qquad\qquad (5-8)$$

其中，$G(m)$ 为累计方差贡献率，λ_k 为第 k 个主成分的特征值。当累计方差贡献率大于85%时，就认为其能足够反映原来变量的信息，此时所对应的 m 就是要抽取的主成分数量。

第五步，计算主成分载荷。主成分载荷是反映主成分与原变量之间的相互关联程度，其表达式为：

$$l(F_i, X_j) = \sqrt{\lambda_i} \, a_{ij} \qquad\qquad (5-9)$$

其中，l 为主成分载荷，X_j 为原变量，a_{ij} 为各变量间的相关系数矩阵。

第六步，计算得分系数。计算主成分得分系数的表达式为：

$$F_i = a_{1i}X_1 + a_{2i}X_2 + \cdots + a_{pi}X_p \qquad\qquad (5-10)$$

二、数据处理与结果分析

本书选取 2000—2017 年京津冀地区的数据，每 5 年选取 1 组样本，运用 SPSS 26.0，处理京津冀三地共 15 组样本数据。表 5-6 为各评价指标对绿色发展指数影响效果的得分系数及排序。由于前五个主成分的累计方差贡献率已经包含了原始变量90.47%的信息量，因此选择前五个主成分代表整个指标体系。通过对单个指标对各主成分的影响系数的绝对值和实数值分别求和，可以对各指标构建两个排序：第一个排序为绝对值之和的排序，体现了各指标对京津冀绿色发展的绝对影响；第二个排序为正负值的排序，体现了各指标对京津冀绿色发展的促进或抑制作用的大小。

根据表 5-6 的排序结果可以看出，对京津冀绿色发展绝对影响较大的 10 个指标为：环境污染治理投资占 GDP 比重，污水处理公用设施建设固定资产投资额，用水户实际用水量重复利用率，城市人均生活用水量，工业排放废水达标率，节水灌溉面积，城市生态用水占比，城市节水措施投资总额，城市污水处理率，城市污水处理厂二、三级处理能力。

表 5-6　各评价指标对绿色发展指数影响效果的得分系数及排序

基础指标	主成分得分系数					绝对值排序	正负值排序
	I	II	III	IV	V		
城市人均生活用水量	0.507	0.136	-0.724	-0.141	-0.311	4	16
用水户实际用水量重复利用率	-0.771	-0.201	0.476	0.151	-0.264	3	17
绿色发展行业就业人数比例	0.249	-0.361	0.299	0.501	-0.058	18	8
绿色 GDP 占比	0.258	0.082	0.584	-0.701	-0.022	11	13
产业高度化	0.964	-0.101	-0.126	-0.178	0.039	20	9
第一产业亿元 GDP 耗水	-0.002	-0.799	-0.117	0.446	0.180	16	15
第二产业亿元 GDP 耗水	-0.168	0.125	-0.888	-0.214	0.173	14	19
第三产业亿元 GDP 耗水	-0.369	0.021	-0.884	0.042	0.102	19	20
城市工业用水重复利用率	-0.895	-0.149	0.362	0.030	-0.122	15	18
节水灌溉面积	-0.617	0.716	0.111	-0.047	0.240	6	12
工业排放废水达标率	0.383	-0.436	0.409	-0.075	0.514	5	7
城市节水措施投资总额	0.524	0.707	-0.165	0.291	-0.021	8	4
环境污染治理投资占 GDP 比重	0.417	0.410	0.127	0.645	0.366	1	1
污水处理公用设施建设固定资产投资额	0.407	0.602	0.080	0.425	-0.420	2	5
城市污水处理率	0.296	0.235	0.848	-0.121	0.177	9	3
城市污水处理厂二、三级处理能力	0.448	0.793	0.307	0.004	0.103	10	2
R&D 经费投入强度	0.919	-0.194	-0.262	-0.117	0.129	12	11
湿地面积	-0.741	0.640	0.130	-0.008	0.001	17	14
人均水资源量	-0.259	0.865	-0.200	-0.061	0.218	13	10
城市生态用水占比	0.852	0.127	0.338	-0.062	-0.333	7	6

进一步对各评价指标对绿色发展指数影响效果的得分系数进行加总，结果如图 5-6 所示。对京津冀绿色发展促进作用较大的 5 个指标为：环境污染治理投资

占 GDP 比重，城市污水处理厂二、三级处理能力，城市污水处理率，城市节水
措施投资总额，污水处理公用设施建设固定资产投资额。对京津冀绿色发展抑制
作用较大的 5 个指标为：城市人均生活用水量、用水户实际用水量重复利用率、
城市工业用水重复利用率、第二产业亿元 GDP 耗水、第三产业亿元 GDP 耗水。
可以看到，对京津冀绿色发展促进作用较大的 5 个指标均与政府投入相关，足以
彰显政府对于绿色发展的引领与指导作用。对指标的排序不仅可以为科学评价京
津冀绿色发展程度提供决策依据，还可以促进绿色发展评价指标体系的建立沿着
方法科学化和程序规范化的方向发展。

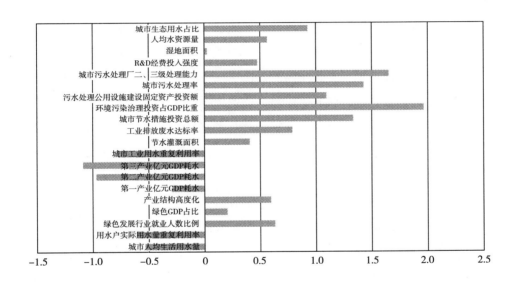

图 5-6　各评价指标对绿色发展指数影响效果的得分系数总和

三、结论

当前，京津冀协同发展正处在新的历史起点，三地进一步创新机制、完善体
制、调动各方力量，以"创新、协调、绿色、开放、共享"为目标，推动京津
冀可持续发展，但是绿色发展中的短板和矛盾依然突出，面临诸多风险挑战。

第一，绿色发展要加大绿色投入力度。由以上分析可知，绿色投入力度如环

境污染治理投资占 GDP 比重、污水处理公用设施建设固定资产投资额、城市节水措施投资总额等对城市绿色化进程影响显著，可见加大绿色投入力度能够使京津冀产业发展更快实现绿色转型。绿色转型要求京津冀三地充分发挥北京科技创新中心、天津全国先进制造业研发基地的支撑作用，协同河北共同建设产业转型升级试验区，努力做好先进制造的加法，节水降耗的减法，转型升级的乘法，集约节约的除法，推动建立绿色低碳循环发展产业体系，推动产业结构从过度依赖资源、环境消耗的中低端向更多依靠技术和服务的中高端提升。同时还要推广科技含量高、资源消耗低、环境污染少的清洁型生产方式，推动用水结构向清洁安全高效方向转化。

第二，绿色发展要加快绿色处理效率。通过分析可知，用水户实际用水量重复利用率、工业排放废水达标率、城市污水处理率等指标对绿色发展进程影响显著，而在该方面京津两地明显强于河北。由于京津两地经济发达，有更为先进的技术使水资源能高效利用，且北京以第三产业为主，能源利用效率自然很高，绿色处理效率也较高，相比之下，河北第二产业占有很大比重，水资源利用效率较低，绿色处理效率也不高，因此河北的绿色处理技术水平与京津两地还有很大差距。

京津冀三地应该在多方面实现绿色生态调整，以绿色投资政策促进生产方式绿色化，增强公民保护生态环境的意识；同时要最大程度地发挥京津冀协同的优势，加强合作，增强技术创新，提高资源能源的利用率与绿色处理效率，使经济朝着"水资源节约"与"水环境友好"的方向发展，促进京津冀绿色发展与绿色转型稳步推进。

第五节　结论及建议

本章合理构建京津冀绿色发展指标评价体系和人口、产业绿色发展主成分分析模型，对京津冀人口、产业、政府、水资源环境等多方面因素进行研究，并做出评价与关键因素分析。总体来看,京津冀绿色发展水平有所提升,其中北京绿色化水平较高,产业结构高度化指数增长稳定,而天津、河北绿色化水平仍有待提高。具体而言,首先,京津冀三地绿色发展指数的发展动因具有较大的地区差异性。北京在产业结构方面以及政府调控方面具有较大优势,发展评价较高;河北更加依赖于人口红利带来的巨大优势;天津在产业结构不断优化升级、城市化不断推进并取得良好进展的情况下,其人口负载压力造成的供水不足、环境承载力过大等问题也使得天津绿色发展评价处于低位。其次,京津冀三地在绿色产业的投入与效果方面存在差异。在用水效率上,河北工业用水效率不高;在投入强度上,河北和天津在绿色行业 R&D 经费的投入强度上也不及北京。最后,绿色投入力度与绿色处理效率是京津冀实现绿色发展的关键所在,北京以第三产业为主,水资源利用效率自然很高,绿色处理效率也较高,相比之下,河北第二产业占有很大比重,水资源利用效率很低,绿色处理效率也不高。

因此,在京津冀一体化进程日益加快的背景下,在满足环境承载力前提下,推进绿色发展建设是京津冀全面协调可持续发展的必由之路。依据本书研究结论,针对京津冀城镇化与水资源协调发展提出以下建议。

第一,在持续推进京津冀城镇化建设背景下,三地应针对各自短板,努力提升,实现人口、产业、政府、水资源环境全面均衡发展。目前而言,北京和天津应当通过调整人口、产业结构,加大绿色理念宣传力度,加大水生态环境保护来提升绿色发展程度,特别要关注人口、产业转移对水资源环境带来的影响,进行合理规制。河北作为相对落后地区,应当在保证水资源环境质量的前提下优先考虑通过产业升级来承接相关企业,并且通过生态补偿等机制来提高区域的水资源利用效率及提升污染处理水平,从而将人口、产业转移带来的环境负外部效应降到最低。同时,河北应考虑城镇化的数量和规模,积极承接京津地区产业和人口的转移,抓住城镇化发展机遇,提升城镇化总体水平。

第二,平衡京津冀绿色产业产出与投入的力度与效益,实现京津冀经济增长与绿色发展相协调。一方面,京津冀三地应进一步完善区域"水权"体系的构建,使水生态文明建设通过"水权交易市场"向工业消耗和城市扩张索取资金,同时使落后地区得到"生态补偿",走出产业落后—污染加剧—生态恶化的恶性循环。另一方面，应考虑推广"海绵城市"理念，将具有弹性功能和自净功能的"海绵体"建设融入城市的改造和扩张中去，实现城市系统和水系统达到自然耦合的状态，实现京津冀协调可持续发展。

第三，加快京津冀地区绿色转型和生态保护投入力度。首先，加大资本形成力度，增强经济发展后劲。一方面，政府应当加大环境治理投资，从而提高城市生态用水占比，并以绿色投资政策促进生产方式绿色化，促进生产环节的节能增效，严格管控污染企业排放，增强公民保护生态环境的意识，才能真正实现京津冀协同一体化的绿色发展；另一方面，京津冀要最大程度地发挥自身优势，加强合作，增强经济发展吸引力，快速吸引企业进行绿色投资。其次，增强技术创新意识，提高能源的利用率与绿色处理效率。

第四，实现京津冀经济、自然、社会三方面的协调发展。首先，通过加快技术进步，实现地区水资源利用率的提高，使经济朝着"水资源节约"与"水环境友好"的方向发展，从而减弱水资源环境对经济增长的约束。其次，政府部门应加大对创新型企业的扶持力度，重视保护企业的创新专利，制定并落实保护机制，为企业营造好的自主创新环境，对创新能力强的企业采取相关激励措施。再次，可以促进创新型企业聚集，形成高新技术产业集聚区，逐步优化周边地区的经济增长方式。最后，加强对创新成果的研制与开发，加快创新成果的运用和创新成果的产业化进程，促进经济健康、可持续与协调发展。

第六章　人口、产业绿色发展背景下的京津冀水资源优化配置

通过前文京津冀人口、产业发展与水资源的匹配关系发现，2018年京津冀水资源与人口发展处于相对均衡状态，这意味通过一系列人口政策及供水保障措施，如南水北调工程、人口调控、最严格水制度等，京津冀地区在饮水安全方面基本做到区域间的公平、平衡。然而，京津冀产业承接转移加大了北京、天津、河北三地GDP水资源占有量的异质性，高耗低产行业转移到河北，导致河北的水资源与其经济发展不匹配。北京、天津、河北三地GDP在水资源占有量方面较不平衡，特别是第二、第三产业用水处于欠合理状态、高度不均衡状态。一方面，京津两地水资源难以满足第三产业发展，河北各市水资源相对富余而第三产业未得到充分发展；另一方面，在产业调整过程中，落后产能遭淘汰而新的产能培育起来还需时日，经济转型中如果创新动力不足、升级力度不够，那么就会导致更大区域经济下行。

因此，亟须一套有效的办法来缓解人口、产业发展与水资源之间的矛盾与冲突。一方面，要提高水资源的配置效率，通过政府规划促使水资源在京津冀合理平衡配置。另一方面，要引入绿色发展机制，从源头上提高水资源的利用效率，促进节水。例如，采用节水技术可以提高用水效率，从而间接降低需水量；采用重复用水技术（或再处理项目）可以增加可用水资源，缓解水危机。此外，也要考虑产业布局调整、人口控制等与区域水资源承载力相关的关系，通过构建一整套完整有效的规划，促进京津冀经济和资源的可持续发展。

第一节　研究框架及方法

一、研究思路

京津冀协同发展过程中三地合作与互动加深，社会经济发展导致用水需求量和质的提升，但也给政策制定者带来一些挑战：①京津冀城市化进程加速了人口增长和经济的高质量发展，其需要高质量供水配合，然而，京津冀供水能力有限，需要养活全国约 10% 的人口，供水压力大；②工业化不断提升京津冀 GDP，导致水资源需求不断攀升，而区域水资源并不丰富，年降水量从 530 毫米到 645 毫米不等，水资源短缺风险较大，水资源短缺已成为影响京津冀经济增长的最大障碍；③落后的灌溉方案和耕作制度（如灌水）导致农业用水系数低于国际水平，工程投入力度不足导致市政、工业的重复用水率不高，节水意识淡薄导致用水模式普遍不合理，由此造成了水资源综合使用效率低下，加剧了京津冀的水资源危机；④京津冀三地功能定位加快了产业转型，加快了水资源开发利用，而水资源开发速度过快会破坏水环境系统，导致水源退化和可利用水资源萎缩；⑤区域降雨和自然特征（如土壤状况）时空变化会限制水资源的分配，三个地区之间存在较大差异；⑥京津冀地区经济发展的不平衡和水资源的调控与治理水平差异将带来巨大的风险和决策的复杂性。因此，需要制定更为科学、合理的水资源规划来应对上述挑战。本书制定的研究技术路线如图 6-1 所示。

图 6-1 显示京津冀人口、产业发展下的水资源管理框架，在该框架下，人口、产业、水资源被纳入到一个系统中，各自成为子系统，水的分配将被看作是支持人口、经济发展的一个重要指标。水资源需要满足区域间各级生活、市政、农业和工业等部门的基本需求，同时，最小生态需水量被认为是保障人类活动与环境保护协调的基本要求。水资源优化配置是有效缓解水资源危机的方式，而考虑纳入绿色技术（节水技术、水资源重复使用技术等）将在一定程度上提高水资

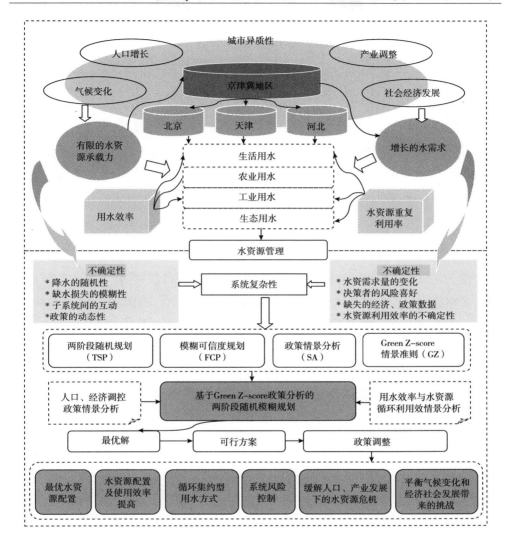

图6-1 研究技术路线图

源利用效率，从而弥补水资源需求的巨大缺口。然而，由于各地人口结构、经济发展水平、政府管理模式、技术水平和自然条件异质性大，这可能给人口、产业、水资源系统（PPW）管理带来极大的不确定性和复杂性，因此，可以将随机模糊方法与 Green Z-score 情景分析（SFGZ）相结合，以解决 PPW 的复杂性及不确定性问题。

二、不确定性识别与优化技术

京津冀水资源管理问题的不确定性主要是自然及人为原因造成的。例如，京津冀地区不同的地理特点、自然特征和降水条件会导致水量的时空变化，其可以被认为是系统效益波动的随机影响因素；区域间社会经济发展的异质性可能导致各城市之间前瞻性的水资源利用结构不同，如农业、工业和生态用水的多样性，从而导致水资源需求的差异。此外，城市化和经济交流需要一个动态的水资源计划，以满足京津冀不断变化的水资源需求。在这种情况下，社会经济发展引起的动态需水量与随机供水量之间的矛盾加剧了水资源管理问题的复杂性，需要建立起协调解决上述矛盾的联动机制。采用两阶段随机动态规划（TSDP）可以较好地处理水资源随机性相关问题，在 TSDP 中，水资源预规划将作为第一阶段决策变量（根据以往水资源需求经验）在规划期之初给出，当随机事件（如缺水、洪涝）发生时，第二阶段决策变量将对第一阶段决策变量进行追索，从而减小或纠正违反了第一阶段决策变量的政策场景，其公式如下：

$$Maxf = uw - \sum_{h=1}^{r} p_h q(v, \delta_h) \tag{6-1}$$

$$s.t. \ R(\delta_h)w + S(\delta_h)v = g(\delta_h), \ \delta_h \in \Omega \tag{6-2}$$

$$aw \leqslant c \tag{6-3}$$

$$w \geqslant 0 \tag{6-4}$$

$$v \geqslant 0 \tag{6-5}$$

在式（6-1）中，第一阶段决策（uw）可以通过第二阶段成本函数进行追索修正（$i.e., \sum_{h=1}^{r} p_h q(v, \delta_h)$）。其中，$p_h$ 是随机事件发生的可能性，u 是系数参数，w 为第一阶段决策变量。然而，在实际的水资源管理问题中，由于观测信息不完整和获取数据误差，有很多模糊信息是无法通过 TSDP 来处理的。例如，水资源配置带来的经济收益及缺水带来的损失受到自然和人为因素的影响，导致这些值难以表示为确定性值；节水技术或重复用水技术实施过程中的效率及有效性也经常处于不精确的状态，这些模糊信息将嵌入水资源管理问题中，增加管理中的风险及难度。因此，可以引入模糊规划来处理这些模糊信息，可以处理由于信息缺失而产生的模糊性（Lee，2005）。因此，将模糊可信度规划引入到上述方法中，其中，设 c 为模糊参数，建立模型：

$$Cr\{aw \leqslant \tilde{\varepsilon}\} \geqslant \alpha \tag{6-6}$$

总的来说，满意可信度 $\tilde{\varepsilon} \geqslant s$ 应该大于或等于可信度水平 α，其中，信用等级通常情况下应大于 0（Zeng et al.，2015）。因此，式（6-6）可被证实为是当 $a > 0.5$ 时的可信度测量，即有：

$$aw \leqslant c_n^2 + (1-2a)(c_n^2 - c_n^1) \tag{6-7}$$

然而，在水资源管理问题中，决策者对风险的喜好态度也会影响水资源的最优方案，例如，决策者对水资源短缺损害风险、供水不可靠、效益降低和环境破坏的认识及对其风险的评估，往往受到个人性格、特征和实验的影响，这些因素很难精确地计算出来，因此，应将决策者风险偏好纳入到情景分析中。过去，有许多学者采用极小值和极大值、拉普拉斯准则、Hurwicz 准则、极大极小遗憾判断风险决策准则来反映政策制定者对风险的模糊适应，其在风险博弈过程中各有利弊，都是希望通过一定的风险实现准则来影响未来每个可能状态风险可能，从而获得"最佳"结果（Peterson et al.，2003；Chagwiza et al.，2015）。其中，Green Z-score 情景分析是一种综合解决方案风险控制的方法，提供了一系列的准则，这些准则可以通过一个得分形式来反映上述的模糊性准则，计算出一个总分，从而获得一个综合考虑悲观/乐观偏好、结果稳健性的风险情景，从而提高决策的可靠性：

$$\max Outcome(B_{mn}) = \sum_{m=1}^{M} pos_m(\max_{d \in D} input A_{mn})f(aw) \tag{6-8}$$

然而，以往的研究很少将以上方法集成到一个框架中来处理水资源管理系统中的多种不确定信息。在实际水资源管理（WRM）中，可以引入两阶段随机规划（TSP），将预期需求目标与供给能力联系起来。基于两阶段随机规划、Green Z-score 准则方法（TSGZ）的情景表述如下：

$$\varphi = \max_{d \in D} f_{out} - \left[\left(\max_{d \in D} f_{out} - \min_{d \in D} f_{out} \right) \times (a/100) \right] \tag{6-9}$$

因此，式（6-1）可转化为：

$$\max \bar{f} = \max \left\{ \lambda \times \sum_{n=1}^{N} \frac{f_{out} - \left[\max_{d \in D} f_{out} - \left(\max_{d \in D} f_{out} - \min_{d \in D} f_{out} \right) \times (a/100) \right]}{\max_{d \in D} f_{out} - \left[\max_{d \in D} f_{out} - \left(\max_{d \in D} f_{out} - \min_{d \in D} f_{out} \right) \times (a/100) \right]} - (1-\lambda) \times \right.$$

$$\sum_{n=1}^{N} (f_{out} / \min_{d \in D} f_{out})\} \tag{6-10}$$

约束为：

$$R(\delta_h)w + S(\delta_h)v = g(\delta_h), \quad \delta_h \in \Omega \tag{6-11}$$

$$aw \leqslant c \tag{6-12}$$

$$w \geqslant 0 \tag{6-13}$$

$$v \geqslant 0 \tag{6-14}$$

其中，乐观系数（$i.e.$，λ）（$0 \leqslant \lambda \leqslant 1$）和悲观系数（$i.e.$，（$1-\lambda$））分别反映决策者的悲观和乐观态度。在 TSGZ 中，所有选项的最大和最小结果之间的差异被赋权（$i.e.$，φ），其中 $\varphi = 0$ 表示最坏的结果，$\varphi = 1$ 表示最好的结果（Green and Weatherhead，2014）。因此，基于混合模糊随机方法与 Green Z-score 情景分析可以求解如下模型：

$$\max \bar{f} = \max \left\{ \lambda \times \sum_{n=1}^{N} \frac{f_{out} - [\max_{d \in D} f_{out} - (\max_{d \in D} f_{out} - \min_{d \in D} f_{out}) \times (a/100)]}{\max_{d \in D} f_{out} - [\max_{d \in D} f_{out} - (\max_{d \in D} f_{out} - \min_{d \in D} f_{out}) \times (a/100)]} - (1-\lambda) \right.$$

$$\left. \times \sum_{n=1}^{N} (f_{out} / \min_{d \in D} f_{out}) \right\} \tag{6-15}$$

约束为：

$$Cr\left\{ R(\delta_h)w + S(\delta_h)v \leqslant \sum_{n=1}^{N} \frac{f_{out} - [\max_{d \in D} f_{out} - (\max_{d \in D} f_{out} - \min_{d \in D} f_{out}) \times (a/100)]}{\max_{d \in D} f_{out} - [\max_{d \in D} f_{out} - (\max_{d \in D} f_{out} - \min_{d \in D} f_{out}) \times (a/100)]} \right\} \geqslant$$

$$\eta^{\max f} \tag{6-16}$$

$$Cr\left\{ R(\delta_h)w + S(\delta_h)v \geqslant \sum_{n=1}^{N} (f_{out} / \min_{d \in D} f_{out}) \right\} \geqslant \eta^{\min f} \tag{6-17}$$

$$R(\delta_h)w + S(\delta_h)v = g(\delta_h), \quad \delta_h \in \Omega \tag{6-18}$$

$$aw \leqslant c_n^2 + (1-2a)(c_n^2 - c_n^1) \tag{6-19}$$

$$w \geqslant 0 \tag{6-20}$$

$$v \geqslant 0 \tag{6-21}$$

第二节　人口、产业、水资源优化模型

根据上述方法，结合京津冀人口、产业、水资源系统的实际情况，建立考虑京津冀综合战略调控情景的人口、产业、水资源优化模型（WOM）。将基于场景的随机模糊方法与 Green Z-score 情景分析相结合，嵌入到 WOM 中，处理多种不确定性，并分析其相互作用，从而生成稳健性较强的水资源优化配置方案。该模型可用于满足京津冀人口经济发展和水资源可持续发展的实际规划中，将水资源短缺、利用效率低、循环利用率低、产业结构不合理、能力有限等自然和人为损害等问题考虑到模型中，同时将人口社会经济调控考虑到政策情景中，从而为水资源规划与管理提供政策支持和量化依据。

一、模型构建

在研究区域，决策者负责分配水资源以满足京津冀人口、经济发展的水资源需求，目标是人口、产业、水资源系统的效益最大化，系统风险最小化。在城市化进程加快的背景下，日益增长的水资源需求已经超出了自然系统的承受能力。因此，提倡多种绿色处理技术、重复利用技术和节水政策，以纠正以往水资源配置效率低下的问题。构建如下模型：

$$\max \bar{f} = \max \left\{ \lambda \times \sum_{n=1}^{N} \frac{f_{out} - \left[\max\limits_{d \in D} f_{out} - \left(\max\limits_{d \in D} f_{out} - \min\limits_{d \in D} f_{out} \right) \times (\eta/100) \right]}{\max\limits_{d \in D} f_{out} - \left[\max\limits_{d \in D} f_{out} - \left(\max\limits_{d \in D} f_{out} - \min\limits_{d \in D} f_{out} \right) \times (\eta/100) \right]} - \right.$$

$$\left. (1-\lambda) \times \sum_{n=1}^{N} \left(f_{out} / \min\limits_{d \in D} f_{out} \right) \right\}$$

$$f = (1) + (2) + (3) + (4) + (5) - (6) + (7) - (8) \tag{6-22}$$

生活用水的净收益（$EBSH_{tj}$）为：

$$EBSH_{tj} = \sum_{t=1}^{3} \sum_{j=1}^{3} \left(IFL_{tj} \times EFL_{tj} + IUD_{tj} \times EUD_{tj} + IMU_{tj} \times EMU_{tj} \right) -$$

$$\sum_{h=1}^{7} p_{htj} \left[\sum_{t=1}^{3} \sum_{j=1}^{3} \left(LFL_{tj} \times SFL_{tj} + LUD_{tj} \times SUD_{tj} + LMU_{tj} \times SMU_{tj} \right) \right] \quad (6-23)$$

农业用水的净收益（$EBSA_{tj}$）为：

$$EBSA_{tj} = \sum_{t=1}^{3} \sum_{j=1}^{3} \left(IIR_{tj} \times EIR_{tj} + IAH \times IAH_{tj} \right) - \sum_{h=1}^{7} p_{htj} \left[\sum_{t=1}^{3} \sum_{j=1}^{3} \left(LIR_{tj} \times SIR_{tj} + IAH \times SAH_{tj} \right) \right] \quad (6-24)$$

工业用水的净收益（$EBSI_{tj}$）为：

$$EBSI_{tj} = \sum_{t=1}^{3} \sum_{j=1}^{3} \left(IIN_{tj} \times EIN_{tj} + ISE_{tj} \times ESE_{tj} + IAF_{tj} \times EAF_{tj} \right) - $$
$$\sum_{h=1}^{7} p_{htj} \left[\sum_{t=1}^{3} \sum_{j=1}^{3} \left(LIN_{tj} \times SIN_{tj} + LSE_{tj} \times SSE_{tj} + LAF_{tj} \times SAF_{tj} \right) \right] \quad (6-25)$$

生态用水的净收益（$EBSE_{tj}$）为：

$$EBSE_{tj} = \sum_{t=1}^{3} \sum_{j=1}^{3} \left(IEC_{tj} \times EEC_{tj} + ITO_{tj} \times ETO_{tj} \right) - \sum_{h=1}^{7} p_{htj} \left[\sum_{t=1}^{3} \sum_{j=1}^{3} \left(LEC_{tj} \times SEC_{tj} + LTO_{tj} \times STO_{tj} \right) \right] \quad (6-26)$$

通过推广节水技术提高用水效率带来的收益（$BIWE_{tj}$）为：

$$BIWE_{tj} = \mu \times \left[\sum_{t=1}^{3} \sum_{j=1}^{3} \left(BFL_{tj} \times WFL_{tj} + BUD_{tj} \times WUD_{tj} + BMU_{tj} \times WMU_{tj} \right) \right] + $$
$$\sum_{t=1}^{3} \sum_{j=1}^{3} \left(BIR_{tj} \times WIR_{tj} + BAH \times WAH_{tj} \right) + \sum_{t=1}^{3} \sum_{j=1}^{3} \left(BIN_{tj} \times WIN_{tj} + BSE_{tj} \times \right.$$
$$\left. WSE_{tj} + BAF_{tj} \times WAF_{tj} \right) + \sum_{t=1}^{3} \sum_{j=1}^{3} \left(BEC_{tj} \times WEC_{tj} + BTO_{tj} \times WTO_{tj} \right) \right] \quad (6-27)$$

推广节水技术的成本（$CIWE_{tj}$）为：

$$CIWE_{tj} = \mu \times \left[\sum_{t=1}^{3} \sum_{j=1}^{3} \left(CFL_{tj} \times WFL_{tj} + CUD_{tj} \times WUD_{tj} + CMU_{tj} \times WMU_{tj} \right) \right] + $$
$$\sum_{t=1}^{3} \sum_{j=1}^{3} \left(CIR_{tj} \times WIR_{tj} + CAH \times WAH_{tj} \right) + \sum_{t=1}^{3} \sum_{j=1}^{3} \left(CIN_{tj} \times WIN_{tj} + CSE_{tj} \times \right.$$
$$\left. WSE_{tj} + CAF_{tj} \times WAF_{tj} \right) + \sum_{t=1}^{3} \sum_{j=1}^{3} \left(CEC_{tj} \times WEC_{tj} + CTO_{tj} \times WTO_{tj} \right) \right] \quad (6-28)$$

通过污水处理技术提高水二次使用率带来的效益（$BIWR_{tj}$）为：

$$BIWR_{tj} = \beta \times \left[\sum_{t=1}^{3} \sum_{j=1}^{3} \left(BFL_{tj} \times WFL_{tj} + BUD_{tj} \times WUD_{tj} + BMU_{tj} \times WMU_{tj} \right) \right] + $$

$$\sum_{t=1}^{3}\sum_{j=1}^{3}\left(BIR_{tj}\times WIR_{tj}+BAH\times WAH_{tj}\right)+\sum_{t=1}^{3}\sum_{j=1}^{3}\left(BIN_{tj}\times WIN_{tj}+BSE_{tj}\times\right.$$

$$\left. WSE_{tj}+BAF_{tj}\times WAF_{tj}\right)+\sum_{t=1}^{3}\sum_{j=1}^{3}\left(BEC_{tj}\times WEC_{tj}+BTO_{tj}\times WTO_{tj}\right)] \quad (6-29)$$

污水处理技术提高水二次使用率的成本（$CIWR_{tj}$）为：

$$CIWR_{tj}=\beta\times\left[\sum_{t=1}^{3}\sum_{j=1}^{3}\left(DFL_{tj}\times RFL_{tj}+DUD_{tj}\times RUD_{tj}+DMU_{tj}\times RMU_{tj}\right)\right]+$$

$$\sum_{t=1}^{3}\sum_{j=1}^{3}\left(DIR_{tj}\times RIR_{tj}+DAH\times RAH_{tj}\right)+\sum_{t=1}^{3}\sum_{j=1}^{3}\left(DIN_{tj}\times RIN_{tj}+DSE_{tj}\times RSE_{tj}+\right.$$

$$\left. DAF_{tj}\times RAF_{tj}\right)+\sum_{t=1}^{3}\sum_{j=1}^{3}\left(DEC_{tj}\times REC_{tj}+DTO_{tj}\times RTO_{tj}\right)] \quad (6-30)$$

表 6-1 为模型变量和参数注解。其中，j 表示地区，$j=1$ 代表北京（BJ），$j=2$ 代表天津（TJ）；$j=3$ 代表河北（HB）。t 为规划周期，$t=1$ 代表规划期 1，$t=2$ 代表规划期 2，$t=3$ 代表规划期 3。h 为水量水平，$h=1$ 代表非常低水平，$h=2$ 代表低水平，$h=3$ 代表中等偏低水平，$h=4$ 代表中等水平，$h=5$ 代表中等偏高水平，$h=6$ 代表高水平，$h=7$ 代表非常高水平。

表 6-1　模型变量及参数注解

f	总的系统收益（元）
IFL_{tj}，IUD_{tj}	t 时期 j 区城镇和农村人口人均生活用水净效益（元/立方米）
EFL_{tj}，EUD_{tj}	t 时期 j 区城乡预期人口（人）
fu_{tj}，uu_{tj}	t 时期 j 区城乡居民人均用水量（立方米/人）
IIN_{tj}，ISE_{tj}，IAF_{tj}，IMU_{tj}，IEC_{tj}，ITO_{tj}	t 期 j 区工业、服务、农业加工、市政、生态保护、生态旅游等单位用水量净效益（元/立方米）
EIN_{tj}，ESE_{tj}，EAF_{tj}，EMU_{tj}，EEC_{tj}，ETO_{tj}	t 期 j 区工业、服务、农业加工、市政、生态保护、生态旅游等预计需水量（立方米）
IIR_{tj}，IAH_{tj}	t 期 j 区灌溉用水和牲畜生产每量水的净效益（元/立方米）
EIR_{tj}，EAH_{tj}	t 期 j 区灌溉和全体牲畜的预期粮食需求（吨）
ir_{tj}，ia_{tj}	t 时期 j 区灌溉和畜牧生产单位用水量（立方米/吨）
LFL_{tj}，LUD_{tj}	城乡人口单位未供水的水资源短缺损失（元/立方米）
SFL_{tj}，SUD_{tj}	t 时期 j 区城乡人口缺水量（人）
LIN_{tj}，LSE_{tj}，LAF_{tj}，LMU_{tj}，LEC_{tj}，LTO_{tj}	t 期 j 区工业、服务、农业加工、市政、生态保护、生态旅游等的单位水资源短缺损失（元/立方米）

续表

SIN_{tj}，SSE_{tj}，SAF_{tj}，SMU_{tj}，SEC_{tj}，STO_{tj}	t 时期 j 区工业厂房、服务厂房、农业加工厂、市政、生态保护、生态旅游缺水量（立方米）
LIR_{tj}，LAH_{tj}	t 期 j 区灌溉和畜牧生产单位未供水的单位水资源短缺损失（元/立方米）
SIR_{tj}，SAH_{tj}	t 时期 j 区由于水资源短缺，灌溉和所有牲畜的粮食短缺（吨）
BFL_{tj}，BUD_{tj}	t 期 j 区城乡居民节水技术或退水技术净收益（元/人）
BIN_{tj}，BSE_{tj}，BAF_{tj}，BMU_{tj}，BEC_{tj}，BTO_{tj}	t 期 j 区工业、服务、农业加工、市政、生态保护、生态旅游等节水技术或水处理技术净收益（元/立方米）
μ	节约技术的改进率
β	重复用水的回收率
CP_{tj}^{max}	节水技术的最大容量
SC_{tj}^{max}	再处理技术的最大容量
CFL_{tj}，CUD_{tj}	t 时期 j 区城乡居民节水技术成本（元/人）
CIN_{tj}，CSE_{tj}，CAF_{tj}，CMU_{tj}，CEC_{tj}，CTO_{tj}	t 时期 j 区工业、服务、农业加工、市政、生态保护、生态旅游等节水技术成本（元/立方米）
DFL_{tj}，DUD_{tj}	t 期 j 区城乡居民用水再处理技术的成本（元/人）
DIN_{tj}，DSE_{tj}，DAF_{tj}，DMU_{tj}，DEC_{tj}，DTO_{tj}	t 期 j 区工业、服务、农业加工、市政、生态保护、生态旅游等用水再处理技术的成本（元/立方米）
α	可信度
λ	乐观系数
η	稳健性系数
Q_{tj}	在概率 p_{hj} 下，j 区的河流在 t 时段的流量（立方米）
S_{tj}^1	t 时段的入水量（立方米）
E_{tj}	T 时期 j 水库水蒸发渗透损失（立方米）
H_{htj}	j 区河道正常需水量（立方米）
G_{htj}	t 时期河道水蒸发渗透损失（立方米）
V_{htj}	t 时期 j 水库的水资源可用量（立方米）
p_{thj}	h 水平下的随机水利用概率（%）
SM_{tj}^{min}，SM_{tj}^{max}	人口增长的最大需水量（人）
SA_{tj}^{min}，SA_{tj}^{max}	灌溉生产规模的最大需水量（吨）
SI_{tj}^{min}，SI_{tj}^{max}	畜禽养殖规模的最大需水量（吨）

式（6-23）显示了预期的系统收益（即第一阶段的收益）来自人口、产业、水资源系统中生活用水部门的用水期望需求带来的收益减去水资源短缺损失/罚款。式（6-24）显示了包括灌溉、畜牧业在内的农业部门的预期净效益。式（6-25）为工业部门的预期净收益，包括工业生产、服务业和农业加工业。式（6-26）展示了生态活动的预期净效益，包括生态恢复和生态旅游。式（6-29）和式（6-30）展现了重复用水和提高水效率的收益。式（6-27）和式（6-28）分别展示了节水技术和水再处理技术的成本。同时，与可利用水资源、水资源短缺、生态水资源、人口发展规模、灌溉生产规模、畜牧养殖规模等经济发展规模相关的各种制约因素可考虑如下。

可用水量约束为：

$$Cr\left\{ \sum_{h=1}^{7}\sum_{t=1}^{3}\sum_{j=1}^{3}\widetilde{V}_{tjh} = \sum_{t=1}^{3}\sum_{h=1}^{7}\left[\sum_{j=1}^{1}\widetilde{R}_{tjh}-\widetilde{H}_{tjh}-\widetilde{G}_{tjh}\right]\right\} \geqslant \alpha \tag{6-31}$$

缺水约束为：

$$Cr\left\{\left[\sum_{t=1}^{3}\sum_{j=1}^{3}\left(IFL_{tj}\times EFL_{tj}+IUD_{tj}\times EUD_{tj}+IMU_{tj}\times EMU_{tj}\right)-\sum_{h=1}^{7}p_{htj}\sum_{t=1}^{3}\sum_{j=1}^{3}\right.\right.$$

$$\left(LFL_{tj}\times SFL_{tj}+LUD_{tj}\times SUD_{tj}+LMU_{tj}\times SMU_{tj}\right)+\sum_{t=1}^{3}\sum_{j=1}^{3}\left(IIR_{tj}\times EIR_{tj}+IAH\times\right.$$

$$IAH_{tj})-\sum_{h=1}^{7}p_{htj}\sum_{t=1}^{3}\sum_{j=1}^{3}\left(LIR_{tj}\times SIR_{tj}+IAH\times SAH_{tj}\right)+\sum_{t=1}^{3}\sum_{j=1}^{3}\left(IIN_{tj}\times EIN_{tj}+\right.$$

$$ISE_{tj}\times ESE_{tj}+IAF_{tj}\times EAF_{tj})-\sum_{h=1}^{7}p_{htj}\sum_{t=1}^{3}\sum_{j=1}^{3}\left(LIN_{tj}\times SIN_{tj}+LSE_{tj}\times SSE_{tj}+LAF_{tj}\times\right.$$

$$SAF_{tj})+\sum_{t=1}^{3}\sum_{j=1}^{3}\left(IEC_{tj}\times EEC_{tj}+ITO_{tj}\times ETO_{tj}\right)-\sum_{h=1}^{7}p_{htj}\left[\sum_{t=1}^{3}\sum_{j=1}^{3}\left(LEC_{tj}\times SEC_{tj}+\right.\right.$$

$$LTO_{tj}\times STO_{tj})\right]\leqslant\widetilde{V}_{htj}\right\}\geqslant\alpha \tag{6-32}$$

最小生态需水约束为：

$$\widetilde{H}_{tjh}\geqslant\sum_{t=1}^{3}\sum_{k=1}^{4}\left(1-a\right)\times WEE_{tk}\times REC_{tk}\times RO_{tk}\geqslant\frac{T}{n}\sum_{e=1}^{E}Q_{emin} \tag{6-33}$$

工业生产下的需水规模约束为：

$$IL_{tj}^{min}\leqslant\sum_{t=1}^{3}\sum_{j=1}^{3}\left(EIN_{tj}+ESE_{tj}+EAF_{tj}\right)\leqslant IL_{tj}^{max} \tag{6-34}$$

人口发展下的需水约束为：

$$SM_{tj}^{\min} \leqslant \sum_{t=1}^{3}\sum_{j=1}^{3}\left(EFL_{tj}+EUD_{tj}\right) \leqslant SM_{tj}^{\max} \qquad (6-35)$$

农业发展规模下的需水约束为:

$$SD_{tj}^{\min} \leqslant \sum_{t=1}^{3}\sum_{j=1}^{3} EIR_{tj} \leqslant SD_{tj}^{\max} \qquad (6-36)$$

养殖规模下的需水约束为:

$$SI_{tj}^{\min} \leqslant \sum_{t=1}^{3}\sum_{j=1}^{3} EAH_{tj} \leqslant SI_{tj}^{\max} \qquad (6-37)$$

污水处理能力约束为:

$$\eta \times \left[\sum_{t=1}^{3}\sum_{j=1}^{3}\left(WFL_{tj}+WUD_{tj}+WMU_{tj}\right) \right] + \sum_{t=1}^{3}\sum_{j=1}^{3}\left(WIR_{tj}+WAH_{tj}\right) + \sum_{t=1}^{3}\sum_{j=1}^{3}$$

$$\left(WIN_{tj}\sum_{t=1}^{3}\sum_{j=1}^{3}\left(WIN_{tj}+WSE_{tj}+WAF_{tj}\right) + \sum_{t=1}^{3}\sum_{j=1}^{3}\left(WEC_{tj}+WTO_{tj}\right) \right] \leqslant SC_{tj}^{\max}$$

$$(6-38)$$

节水技术推广能力约束为:

$$\beta \times \left[\sum_{t=1}^{3}\sum_{j=1}^{3}\left(WFL_{tj}+WUD_{tj}+WMU_{tj}\right) \right] + \sum_{t=1}^{3}\sum_{j=1}^{3}\left(WIR_{tj}+WAH_{tj}\right) + \sum_{t=1}^{3}\sum_{j=1}^{3}$$

$$\left(WIN_{tj}\sum_{t=1}^{3}\sum_{j=1}^{3}\left(WIN_{tj}+WSE_{tj}+WAF_{tj}\right) + \sum_{t=1}^{3}\sum_{j=1}^{3}\left(WEC_{tj}+WTO_{tj}\right) \right] \leqslant CP_{tj}^{\max}$$

$$(6-39)$$

技术约束为:

$$LFL_{tj} \leqslant IFL_{tj}, \quad LUN_{tj} \leqslant IUN_{tj}, \quad LMU_{tj} \leqslant IMU_{tj}, \quad LEC_{tj} \leqslant IEC_{tj}, \quad LIN_{tj} \leqslant IIN_{tj},$$
$$LTO_{tj} \leqslant ITO_{tj}, \quad LIR_{tj} \leqslant IIR_{tj}, \quad LAH_{tj} \leqslant IAH_{tj}, \quad LAF_{tj} \leqslant IAF_{tj}, \quad LSE_{tj} \leqslant ISE_{tj} \,。$$

Green Z-score 情景约束为:

$$Cr\left\{\begin{array}{l}\left(EBSH_{tj}+EBSA_{tj}+EBSI_{tj}+EBSE_{tj}+BIWE_{tj}-CIWE_{tj}+BIWR_{tj}-CIWR_{tj}\right)\leqslant \\[2mm] \sum_{n=1}^{N} \dfrac{f_{out}-\left[\max\limits_{d\in D}f_{out}-\left(\max\limits_{d\in D}f_{out}-\min\limits_{d\in D}f_{out}\right)\times\left(a/100\right)\right]}{\max\limits_{d\in D}f_{out}-\left[\max\limits_{d\in D}f_{out}-\left(\max\limits_{d\in D}f_{out}-\min\limits_{d\in D}f_{out}\right)\times\left(a/100\right)\right]}\end{array}\right\} \geqslant a^{\max f}$$

$$(6-40)$$

$$Cr\left\{\begin{matrix}(EBSH_{tj}+EBSA_{tj}+EBSI_{tj}+EBSE_{tj}+BIWE_{tj}-CIWE_{tj}+BIWR_{tj}-CIWR_{tj})\geqslant \\ \sum_{n=1}^{N}\left(f_{out}/\min_{d\in D}f_{out}\right)\end{matrix}\right\}\geqslant a^{\min f}$$

$$(6-41)$$

非负约束为:

LFL_{tj}、IFL_{tj}、LUN_{tj}、IUN_{tj}、LMU_{tj}、IMU_{tj}、LEC_{tj}、IEC_{tj}、LIN_{tj}、IIN_{tj} 均大于或等于 0,LTO_{tj}、ITO_{tj}、LIR_{tj}、IIR_{tj}、LAH_{tj}、IAH_{tj}、LAF_{tj}、IAF_{tj}、LSE_{tj}、ISE_{tj} 均大于或等于 0。

式（6-31）为区域水资源负荷对水资源有效性的约束，其等于地表和地下水的总可利用性减去河流的蒸发/渗透损失、河道正常需水量。式（6-32）为水资源短缺对预期需求的追索行为，这种追索行为会受到水资源可得性的限制。式（6-33）是基于 Tennent 方法下的生态水资源最小需求，其中 n 为统计年数，α 是保湿系数，Q_{emin} 为最小月平均径流；T 为转换系数（其值为 31.54×10^{6}）。式（6-34）~式（6-37）展示了京津冀地区的产业、人口增长、灌溉生产和牲畜养殖规模。式（6-38）和式（6-39）分别展示了节水技术和水再处理技术的能力；技术约束呈现了各种经济效益和损失关系。式（6-40）和式（6-41）为 Green Z-score 情景约束。最后是非负约束。

二、数据采集及情景设置

表 6-2 为京津冀 3 个规划期内经济数据，其中京津冀地区各规划期供水净效益和缺水损失均采用统计年鉴估算，并考虑到了社会经济发展。与此同时，京津冀可用水资源量根据多年的水量水平进行时间序列分析，从而拟合出其水量分布水平，将其分为七个水平，即非常低、低、中等偏低、中等、中等偏高、高、非常高水平，并获得其概率水平分别为 0.05、0.1、0.2、0.3、0.2、0.1、0.05，其中数据来源于 2000~2016 年的《北京市水资源公报》《天津市水资源公报》《河北省水资源公报》。

表6-2 京津冀3个规划阶段的经济数据

		阶段1			阶段2			阶段3		
		北京	天津	河北	北京	天津	河北	北京	天津	河北
供水净效益（元/千立方米）										
工业	工业工厂	469	599	280	499	632	293	523	665	299
	服务工厂	891	568	336	926	598	364	986	628	369
	农业加工	190	198	165	189	197	162	198	203	180
生态	环境保护	367	370	224	385	388	234	394	396	235
	生态旅游	730	599	393	776	634	398	806	667	422
市政	农民生活用水	410	360	220	430	378	220	461	396	241
	市民生活用水	860	810	760	903	850	798	957	892	837
	市政用水	660	620	420	693	650	430	726	683	441
农业	灌溉业生产	66	88	72	69	92	75	72	96	78
	畜牧业生产	49	64	52	51	56	55	53	69	56
缺水损失（元/千立方米）										
工业	工业工厂	579	731	353	597	767	360	637	794	367
	服务工厂	1047	699	410	1100	733	430	1255	768	450
	农业加工	224	234	194	224	235	192	235	246	202
生态	环境保护	439	430	265	460	451	266	493	483	280
	生态旅游	884	723	468	927	768	480	973	796	499
市政	农民生活用水	490	430	250	516	452	262	536	482	276
	市民生活用水	1050	970	920	1081	1018	965	1135	1078	1010
	市政用水	790	730	490	829	766	523	880	799	532
农业	灌溉业生产	188	264	198	197	276	199	196	268	214
	畜牧业生产	127	168	136	132	176	143	138	188	168

表6-3为京津冀绿色发展情景，情景S1是当前人口—经济发展下的水资源管理情景。应对水危机有三种方式：①情景S2～情景S8，其显示了基于当前情景（S1）进行人口调控和经济增速调节，从而缓解人水矛盾；②情景S9～情景S15，其通过技术投入与创新来提高用水效率（分别提高3%、6%、9%、12%、15%、20%和25%），从而减少水资源缺口；③情景S16～情景S22，其通过技术投入与创新来改善水的循环利用率（分别提高2%、5%、8%、10%、15%、20%

和30%），从而缓解缺水情况。

表6-3　绿色情景假设

单位：%

情景	假设											
	人口和产出调控								用水效率和重复用水			
	人口增长率			人口增长调控	经济增长率				经济发展调整	用水效率提升	重复用水			循环利用率提升
	北京	天津	河北	跨地区	北京	天津	河北	跨地区	跨地区	北京	天津	河北	跨地区
S1	4.41	2.63	6.17	0.00	6.80	7.00	7.20	0.00	0	26.40	28.50	10.00	0
S2	4.37	2.60	6.11	−1.00	6.80	7.00	7.20	0.00	0	26.40	28.50	10.00	0
S3	4.32	2.58	6.05	−1.00	6.60	6.79	6.98	−3.00	0	26.40	28.50	10.00	0
S4	4.19	2.50	5.87	−3.00	6.40	6.59	6.77	−3.00	0	26.40	28.50	10.00	0
S5	4.07	2.43	5.69	−3.00	6.08	6.26	6.44	−5.00	0	26.40	28.50	10.00	0
S6	3.86	2.30	5.41	−5.00	5.77	5.94	6.11	−5.00	0	26.40	28.50	10.00	0
S7	3.67	2.19	5.14	−5.00	5.31	5.47	5.62	−8.00	0	26.40	28.50	10.00	0
S8	3.38	2.01	4.72	−8.00	4.89	5.03	5.17	−8.00	0	26.40	28.50	10.00	0
S9	4.41	2.63	6.17	0.00	6.80	7.00	7.20	0.00	3	26.40	28.50	10.00	0
S10	4.41	2.63	6.17	0.00	6.80	7.00	7.20	0.00	6	26.40	28.50	10.00	0
S11	4.41	2.63	6.17	0.00	6.80	7.00	7.20	0.00	9	26.40	28.50	10.00	0
S12	4.41	2.63	6.17	0.00	6.80	7.00	7.20	0.00	12	26.40	28.50	10.00	0
S13	4.41	2.63	6.17	0.00	6.80	7.00	7.20	0.00	15	26.40	28.50	10.00	0
S14	4.41	2.63	6.17	0.00	6.80	7.00	7.20	0.00	20	26.40	28.50	10.00	0
S15	4.41	2.63	6.17	0.00	6.80	7.00	7.20	0.00	25	26.40	28.50	10.00	0
S16	4.41	2.63	6.17	0.00	6.80	7.00	7.20	0.00	0	26.93	29.07	10.20	2
S17	4.41	2.63	6.17	0.00	6.80	7.00	7.20	0.00	0	28.27	30.52	10.71	5
S18	4.41	2.63	6.17	0.00	6.80	7.00	7.20	0.00	0	30.54	32.97	11.57	8
S19	4.41	2.63	6.17	0.00	6.80	7.00	7.20	0.00	0	33.59	36.26	12.72	10
S20	4.41	2.63	6.17	0.00	6.80	7.00	7.20	0.00	0	38.63	41.70	14.63	15
S21	4.41	2.63	6.17	0.00	6.80	7.00	7.20	0.00	0	46.35	50.04	17.56	20
S22	4.41	2.63	6.17	0.00	6.80	7.00	7.20	0.00	0	60.26	65.05	22.83	30

第三节　结果分析

图 6-2 为情景 S1 下京津冀水资源在各用水部门的短缺情况占比（$\alpha=0.99$，$\eta=1$，$\lambda=0.9$）。研究结果表明，缺水情况会随着可用水量的波动而波动，这意味着预决策在丰水期更容易得到满足，缺水程度相对低，反之亦然。通过对京津冀三地比较发现，河北水资源短缺最严重的地区是灌溉生产部门，在枯水期缺水占比达到总缺水占比的 31.17%，同时，北京服务业水资源短缺程度最高（46.46%），天津工业缺水程度最高（高达 33.22%）。

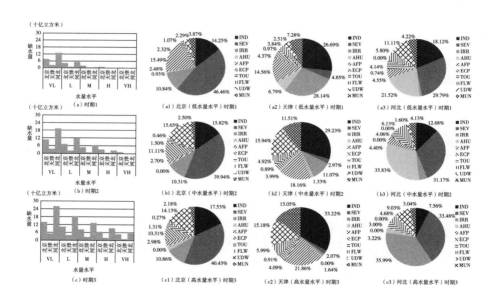

图 6-2　情景 S1 下京津冀水资源在各用水部门的短缺情况及其

占比（$\alpha=0.99$，$\eta=1$，$\lambda=0.9$）

注：IND 为工业，SEV 为服务业，IRR 为灌溉，AHU 为养殖业，AFP 为农业加工业，ECP 为生态保护，TOU 为旅游业，FLW 为农村生活用水，UDW 为城市生活用水，MUN 为市政用水。

图 6-3 给出了情景 S1 下最优水资源配置量（$\alpha = 0.99$，$\eta = 1$，$\lambda = 0.9$）。通过水资源优化配置发现，目前京津冀地区总体缺水量依然较大，通过配置效率提高后，河北灌溉生产用水达到 33.48%，而北京服务业水资源短缺程度高达 17.53%，天津工业缺水程度高达 33.22%。这主要是由水资源使用效率低下、水资源循环使用率低等问题造成的。同时，人口与经济发展速度与水资源环境承载力不匹配也是造成缺水的重要原因。因此，应根据绿色发展理念设置相关政策调控情景，将结构优化、创新驱动与协同发展考虑到情景中。

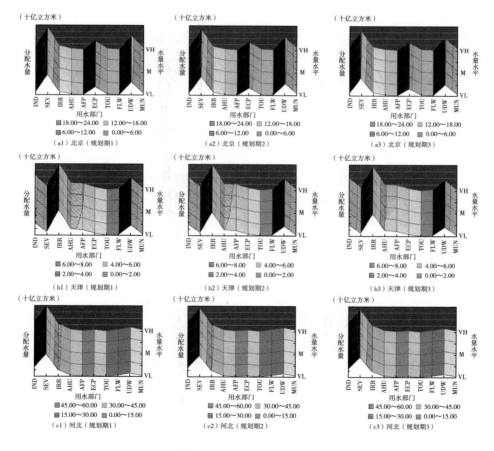

图6-3　情景 S1 下京津冀最优水资源配置情况（$\alpha = 0.99$，$\eta = 1$，$\lambda = 0.9$）

图 6-4 为第一规划阶段情景 S2~情景 S8 下的京津冀缺水情况及目标水量满足率（$\alpha=0.6$，$\eta=1$，$\lambda=0.9$）。在人口控制和社会经济调控政策（情景 S1~情景 S8）下，京津冀三地的目标水量和目标满意度变化特征如下：①由于经济调整和调节，工业部门（IND）、灌溉部门（IRR）和城市生活用水（UDW）的水资源目标将会下降，在此情况下，其对应的目标满意度得以提高，最高可以达到 100%；②根据京津冀地区饮用水安全、食品安全、环境保护的国家战略，当水资源利用率较高时，环保部门（ECP）、灌溉部门和城市生活用水的目标满意度也将达到 100%。

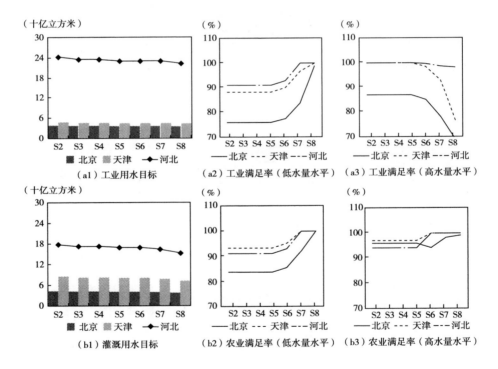

图 6-4　情景 S2~情景 S8 下京津冀第一个规划阶段的目标水量满足率

（$\alpha=0.6$，$\eta=1$，$\lambda=0.9$）

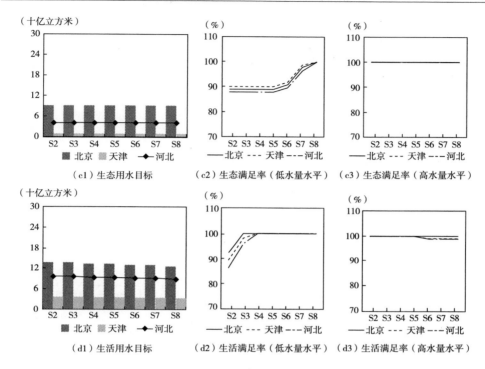

（c1）生态用水目标　　（c2）生态满足率（低水量水平）　（c3）生态满足率（高水量水平）

（d1）生活用水目标　　（d2）生活满足率（低水量水平）　（d3）生活满足率（高水量水平）

图6-4　情景S2~情景S8下京津冀第一个规划阶段的目标水量满足率

（$\alpha=0.6$，$\eta=1$，$\lambda=0.9$）（续）

图6-5为第一个规划阶段中等水量水平时，情景S9~情景S15下京津冀灌溉部门和服务部门（SEC）缺水量及其对应的缺水比例（$\alpha=0.6$，$\eta=1$，$\lambda=0.9$）。结果表明，提高水资源利用效率（如提升农业灌溉用水系数或提高服务业水资源重复利用效率）可以降低水资源缺口，从而降低水资源短缺率，其可以通过推广相关技术、市场准入控制及加大政府投入来实现。然而，相关技术推广存在成本的问题。因此，如何在提高水资源利用效率与节水技术的成本之间进行权衡，是京津冀地区水资源管理面临的一个重大问题。

图6-6是情景S16~情景S22下京津冀工业及城市生活用水缺水情况。结果表明，随着水资源重复利用率的提高，水资源短缺问题将得到缓解。与各地区相比，通过推广重复利用技术，北京地区工业（IND）水资源短缺比例从情景S16下的24.45%提高到情景S22下的12.32%，是京津冀地区改善最大的地区。近年

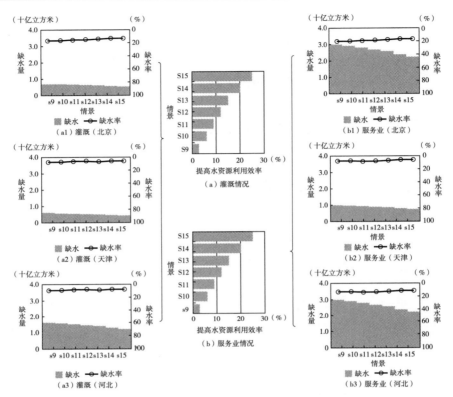

图 6-5　情景 S9~ 情景 S15 下京津冀灌溉及服务业缺水量（$\alpha=0.6$，$\eta=1$，$\lambda=0.9$）

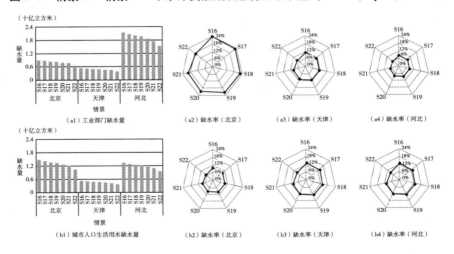

图 6-6　情景 S16~ 情景 S22 下京津冀工业及城市生活用水

缺水情况（$\alpha=0.99$，$\eta=1$，$\lambda=0.9$）

来北京在生活用水上大力推广节水设备，通过政府补贴的形式提升生活节水潜能，同时，工业上严格执行三条红线，对于工业企业严格实行环评及水土保持评审，对部分高耗水企业进行准入控制，因此，北京水资源再利用效果将明显优于其他地区。与此同时，城市生活用水短缺的最大降幅将出现在河北，水资源短缺比率将由 12.32%（情景 S16）增至 4.45%（情景 S22），虽然目前河北生活用水复用效率还明显低于北京、天津，但是其仍有较大的改善空间。

图 6-7 为 Green-Z 标准下的系统收益（情景 S1、情景 S8、情景 S15 及情景 S20）。结果显示：①人口、社会经济政策的调整可以减少水资源的损失，这可以产生比现行情景（S1）更高的系统效益，但是过度的人口、经济调控会导致期望目标较低，从而导致系统收益低于基础情景（S1）；②目前，水资源利用效率提高可以提高系统收益，但是提高效率应控制在 9%以内，因为如果超过这一水平，那么目前技术水平及推广成本将导致系统收益下降；③京津冀区域水资源重复利用技术在情景 S16~情景 S18 下，都表现为系统收益的上升，但是如果超过这一水平，那么系统收益不增反降，其反映了水资源重复利用技术的收入与推广成本之间的权衡。在 Green-Z 下，α、η 和 λ 的变化会引起系统收益变化，结果显示随着 α 水平的下降，系统收益将会上升；乐观系数（即 λ 水平）与系统效益之间存在正向影响，呈现出同一方向的变化；随着 η 水平的上升，系统收益将会下降。这表明更高的系统可靠性水平将导致更低的系统效益。

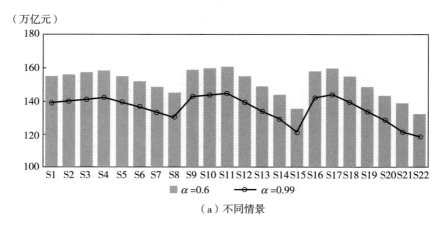

（a）不同情景

图 6-7 Green-Z 标准下的系统收益

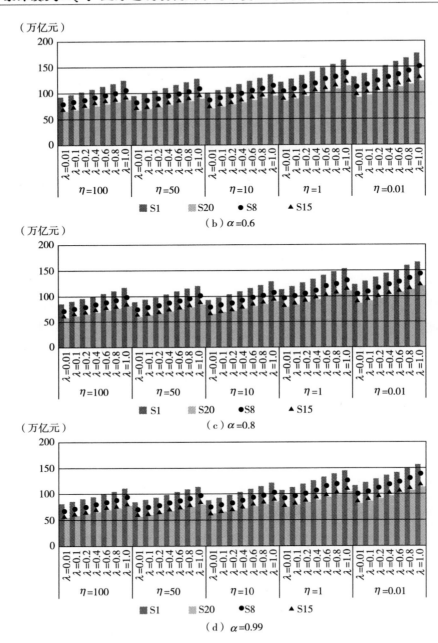

图6-7 Green-Z 标准下的系统收益（续）

第四节 结论

通过人口、产业绿色发展情景下水资源优化配置模型计算发现，基于混合模糊随机方法和 Green Z-score 情景分析相结合的方法是一种有效处理多重不确定性的优化方法，其可以将客观模糊性和随机不确定性看作概率和可能性分布。同时，它可以在两个阶段的背景下，采用 Green Z-score 情景分析方法对决策者的风险态度进行评估。通过分析所获得的可信度水平、稳健性系数和乐观性系数的结果，能以稳健和可持续的方式确定最优的供水计划和系统效益计划。同时，利用 Green Z-score 情景分析模型建立水资源优化的情景，可以应用于京津冀区域的实例研究，从而满足人口经济发展和资源节约的整体性，并有效应对水资源短缺、水资源利用效率低下、循环利用率低、人口经济规划不合理、水资源容量有限等自然和人为的破坏。通过绿色情景分析（包含人口、经济调节、水利用效率和水循环比率）可以有效提升京津冀地区水资源配置效率及水资源使用效率，同时通过将供方优化（优化配置）和需方提效（循环节水）结合的方法，可以有效缓解京津冀地区缺水规模，其量化结果能够支持京津冀水资源政策的调整。

第七章　多情景下的京津冀污染物排放强度及绿色减排路径研究

第一节　京津冀水污染现状及压力源分析

一、水污染现状及水环境治理挑战

在京津冀协同发展过程中，经济发展、生产方式与资源消耗模式的不匹配加剧了环境污染。污染企业布局不合理、废水排放监管不到位以及废水集中处理不统一，导致污水直接排放，造成了严重的水体污染。与此同时，环境主管部门的治理方案不及时、方案制订与实际情况不相符，使得京津冀的水污染问题日益严重。此外，京津冀综合用水效率低下，水资源严重匮乏，人均水资源占有量不足全国平均水平的1/9（孙思奥等，2019）。根据《2013年天津市水资源公报》，天津全年评价河长1627千米，其中劣V类水河长占72.7%，2015年10月28日，环保部通报了重点流域水污染防治专项规划2014年度考核结果，其中海河流域的北京、天津、河南、河北，三峡库区及其上游湖北省考核结果为差。通过对调查结果分析发现，京津冀水污染的原因有以下两个方面：

（1）因京津冀三地自身状况造成的水污染问题。其中，人口压力大且节水意识不强、工业产业的比重增加较大、农业灌溉管理模式粗放落后是京津冀水污染剧增的主要原因，其表现为区域性及异质性。京津冀人口接近全国的 1/10，人均水资源量为 132 立方米/人，仅占全国平均水平的 1/9，是典型的人多水赤字的区域（为严重缺水级别）。在这个水资源严重依赖的区域，目前，该区域综合万元耗水为 365 立方米，虽然高于全国平均水平，但是为世界平均水平的 3 倍。各地的主要影响因素有所不同，首先，北京主要体现为巨大的人口压力。其次，天津主要表现为工业高速发展导致工业排放规模扩大。例如，2011—2015 年天津工业增加值为 6538.19 亿元，导致天津年废水排放总量从 67000 万吨变为 93000 万吨，废水排放比例增加 8.52%。再次，河北表现为农业用水效率不高及面源排放严峻。河北省灌溉面积本身较大（6550 千公顷），其农业水资源利用效率一直处于 0.6 左右，农业水源利用效率不高，且耕作方式（农药、化肥使用）比较粗放，导致面源污染加剧，给水污染的治理带来了很大的难度。最后，水污染治理成本和标准差异是三地造成水污染的重要原因。单就工业废水处理成本和污水处理厂污水处理的运营成本来说，河北就高于北京，而污水处理厂的污水处理标准不同又是构成两地污水处理成本不同的原因。"十二五"期间，河北将城镇污水处理厂排放标准提高到一级 A 标准（COD 浓度限值为 50 毫克/升），北京则分类制定标准，其中Ⅱ、Ⅲ类水体的新（改、扩）建城镇污水处理厂执行 A 标准（COD 浓度限值为 20 毫克/升），排入Ⅳ、Ⅴ类水体的新（改、扩）建城镇污水处理厂执行 B 标准（COD 浓度限值为 30 毫克/升），加之北京将部分工厂转移到河北省，使河北的污水源加多，进一步增加了两地之间水污染的差异性。

（2）因京津冀协调机制不平衡导致的水污染问题。京津冀地区政府水资源配置低效、节水投入及市场准入不规范、产业调整和自然承载力不匹配是产生水污染问题的重要因素，京津冀水污染治理效果一直不明显，三地协调不平衡是治理效果不明显的原因之一。目前，京津冀一体化背景下，三地的水资源环境仍是各自治理。京津冀同属河海流域，各地水资源属上下游关系，只有三省市协调治理、共出对策，用统一的治理方案和方法才能更高效地解决水资源污染问题。为使京津冀形成更紧密的合作关系，共同治理水污染问题，应在三地之间建立一个核心位置，而这三地之间的某一个地区可以成为这个核心位置，也可以组建一个专门治理水污染的民间组织或者公益性组织。

综合上述概况及原因分析，探究京津冀人口、产业发展与水污染及环境治理难题，发现其面临以下挑战：

（1）人口密度大及流动人口占比较大，导致生活消费方式不合理。一方面，虽然京津冀经济发展水平在全国范围内相对较高，但是其人口密度大、流动人口众多，低消费水平、低端生产生活方式仍广泛存在。一些人较少考虑环境污染相关的问题，对环保的需求大大低于对生存与发展的需求，因此这一部分人不仅不能为环保做出贡献，还成为了环境污染的生产者。另一方面，随着消费水平的提高，许多高消费水平消费者环保意识并不强，在日常消费中并未选择低碳方式。在日常用水器具、建筑家装及供电供暖等消费领域，相关规制、宣传及激励性消费引导不足，人们对节水、减排意识较弱。

（2）区域内产业转移升级力度不足，导致高耗水、高污染产业占比依然较大。在工业化和城市化发展过程中，产业体系支柱逐渐替换成高耗水、高污染的重工业，虽然通过京津冀采取的"调结构"措施有了显著成果，并使北京的服务业占比已达到 79.8%，但是京津冀水资源管理、环境治理和产业经济发展仍然受到历史遗留的工业化问题和"大城市病"问题的严重困扰。天津、河北第二产业比重仍在一半左右，其中河北产业结构较不完善，以高耗水、高污染、低效益为主导（如煤和钢铁等传统产业）以及新兴产业不足的产业集聚形态加剧了水污染压力。河北第三产业中交通运输等服务业比重较大，2014 年天津在环保、航空航天、生物医药等产业的产值仅占全市工业的 6.4%，新兴产业的发展仍有很大提升空间，高新技术比重不足两成。就目前情况来看，京津冀污染产业仍然是治理水环境污染的最大障碍。

（3）产业转移承接过程中发展方式落后，导致产业转移演变为污染转移。由于河北地区的发展方式在京津冀三地中相对落后，给三地的协同治污带来了一定挑战。第一，水利用效率低。目前京津冀单位面积耗水量以及工业污染指标的单位面积污染负荷均高于全国平均水平，其中河北单位面积耗水量甚至是长三角、珠三角地区的 2 倍。第二，工业生产效益差。河北钢铁工业存在高成本、高排放与低价格、低效益的问题，造成效益低下。第三，由于科学、生态的农作物生产方式普及不到位，作为农业大省的河北仍采取粗放的灌溉、施肥用药、农用废弃物处置、焚烧等行为，给环境带来了巨大压力。第四，低端产业、高耗水、高污染行业加剧污染问题。目前，产业转移承接过程中，大量低端产业转移到京津冀非核心区域，由此吸引了大量外来人口从事不规范的低端服务业，这些产业发展加剧了区域环境污染的不公平性。

（4）区域内环境规制政策不同步，跨区域协同机制不完善。自2014年以来，北京和天津均实施了严格的控煤、控尘、控车、控工业污染、控新建项目污染等规制措施。在京津冀产业梯度转移中，虽然河北承接大量落后产能，但是鉴于"污染天堂"的行政推动效应，河北对于产业承接的环境标准和政策规制仍然宽松。京津冀地区已经在农村污水处理方面采取了相应措施和治理举措，但是河北广大农村地区的污水、垃圾处理仍然没有采取有效的改善措施，河北排污收费标准也较低，明显低于北京和天津数倍。经济发展水平的差异很大程度上影响了区域环境规制政策的制定，使得各区域相关政策制定不同步。我们不应该让这种不同步阻碍区域的协同发展，这种不同步会导致环境污染及经济社会发展的区域分布更加不均衡。

京津冀三地的人均水资源、产业发展水平等差距较大，区域分割现象明显，区域发展成果不一。京津冀水污染状况虽有改善但仍是全国污染较严重的区域，其区域环境污染状况和环境资源利用方面还有很大的进步空间。京津冀还有很多资源没有充分利用，如河北的山水与湿地以及北京的环保组织、绿色科技和金融资源都没有在水污染治理中充分发挥作用。京津冀虽然在区域环境治理协调机制的运作下推进了生态修复联合机制的构建，但是在联合机制中制定的许多区域规划和商谈的许多合作协议落实率不高，许多规划和协议还有一定的约束性。此外，水污染治理和环境保护方面的协同机制建立尚不完善、不系统，成本分担、科技创新、产业标准、协同决策等问题仍有待解决。在水资源开发利用、产业技术创新和结构协同、污染治理以及成果共享等这些领域的深化改革应成为京津冀协同深入发展的突破口，因为这些领域的较深层次目前仍然是各自为政的局面。

二、人口、产业发展带来的排放压力源分析

从京津冀发展的特征看，排放压力源主要划分为人口增长和经济发展两个因素，其中人口增长带来的压力主要是关于生活污染，而经济发展则主要是关于工业污染源、农业污染源。

1. 人口增长带来的压力源

首先，京津冀地区人口增长速度过快使该地区有限水资源不足以支撑该地区对水资源的需要。例如，海河流域的水资源在京津冀快速发展的同时出现了短缺、水质污染严重的问题，已经很难支撑京津冀的人口增长趋势和发展速度了。降雨不足导致径流量本来就匮乏的海河流域在 20 世纪 60 年代至 21 世纪初的平均年降水量从 560 毫米降到 491 毫米，本来就已偏少的降水量还在不断衰减中，这无疑使海河流域的水资源更加匮乏。其次，水资源供需矛盾突出。海河流域占有全国 1.3% 的水资源量，却承载着 10% 的人口和数十座大中型城市的供水任务，长期不断的供水使海河流域水资源日益减少，渐渐已不足以提供水资源供给。因此，河北不得不利用涵养周期最漫长的地下水资源补给区域用水，除此之外还要给京津进行水资源的输送。2016 年，京津冀地下水供水量占比情况为河北（68.48%）>北京（45.05%）>天津（17.37%）。长期的地下水不合理开发利用使海河流域在全国特大型和大型地下水超采区中分别占比 62.5% 和 54.5%，过度地采集地下水引起了河湖断流萎缩、流域生态基流无法保障、水污染降解条件差等诸多问题。与此同时，水资源利用效率低下也加剧了水资源压力。

京津冀生活污染源主要是由于在人口密集区域中污水处理能力有限，大量未经有效处理的生活污水排入河道造成了严重的水体污染。目前，城镇生活污水处理情况要明显好于农村。尽管设立了污水厂，但是部分区域只有 50% 的污水会经污水厂处理后排出，还有 50% 的生活污水是直排或渗漏的。另外，实际污水处理率低下，污水中污染物处理不净，处理物不达标也会导致水体污染。2000—2016年，全国劣 Ⅴ 类水河长占比平均值为 17.5%，呈逐年下降趋势，但同期海河流域劣 Ⅴ 类水河长占比平均值为 50.1%。由以上数据可以看出，长期为京津冀供给大量水资源的海河流域已不堪重负，因为过度开发利用，其水资源量与水质都大幅

度下滑。

2. 产业发展带来的压力源

首先，工业污水处理不当带来严重的水体污染问题。因管网建设滞后等，一些工业污水会和生活污水会一起进行污水处理，但由于工业污水与生活污水的排放污染物标准值不同，且一般工业的都会高于生活的，造成生活污水处理完后还存留有大量污染物就被排出，污染物处理不彻底，带来水体污染问题，给相应流域的水体带来更多负担，进而没有起到减轻水体污染的作用。其次，工业发展水平过快使得污水处理效率不能满足实际需求。例如，2000 年美国网络泡沫破灭，在此之后迎来了新一轮的工业发展时期。在这轮工业发展期内中国也加快了工业发展的步伐，工业污水随着工业发展速度的加快不断增多，但我们相应的减排措施不多，污水处理效率不高加之节能减排意识不强，使得工业污水处理率低，大量工业污水排入河流，水体污染问题日渐严重。京津冀三地工业的生产总值呈上升趋势，其中天津工业比较发达，但 2014 年后有下降的趋势，而河北的工业总产值总体上保持着上升的趋势，经济增长带来的点源污染压力上升（见图 7-1）。

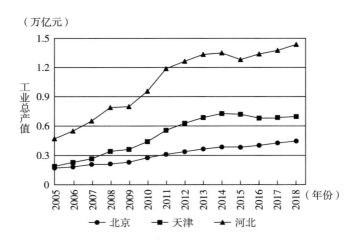

图 7-1　2005—2018 年京津冀工业生产总值

2005—2018 年，北京农业生产总值变化幅度不大，河北作为农业大省，其农业总产值上升了约 1500 亿元，天津的农业总产值在 2017 年有一个大幅度的下降，但总体来看河北仍面临巨大的非点源污染压力（见图7-2）。

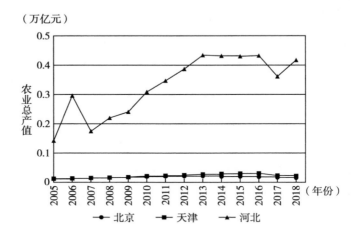

图7-2 2005—2018年京津冀农业生产总值

2005—2018年北京的第三产业生产总值遥遥领先，三个地区的第三产业生产总值保持着稳定的上升趋势，但第三产业产生的新型污染目前已经成为京津冀面临的新挑战（见图7-3）。

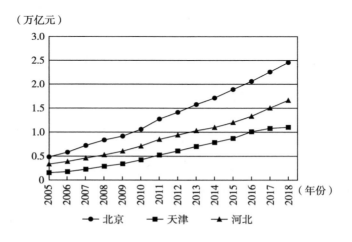

图7-3 2005—2018年京津冀第三产业生产总值

第二节 京津冀水污染主要排放物变化趋势分析

一、研究思路及框架

在京津冀一体化背景下，京津冀三地各自新城市功能定位促使产业和人口转移。其一，从产业转移上来看，北京为全国的政治、文化、科技创新中心，将会有大量的制造业转移到天津，重工业转移到河北；天津作为全国先进制造业基地，其主要目标是瞄准北京、河北等符合园区产业定位的项目，定期对接；而河北作为产业疏解的主要承接地，承接了来自北京的重工业污染企业如首钢、燕山石化等，给河北造成了巨大的环境污染压力。其二，从人口转移上来看，在产业集聚造成的虹吸效应之下，北京、天津聚集的大量人口迅速向河北转移，截至目前，河北第二产业从业人口已经上涨到 1427 万。在此背景之下，京津冀的污染排放程度也在不断提升。从总废污水排放量来看，目前京津冀呈现出不同程度的上升，截至 2018 年底，北京、天津工业废污水排放量近 5 年每年增加几百万吨，生活污水上升约 1000 万吨，相较于北京、天津，河北的工业废水和生活污水排放较多，生活污水量也急剧上升。总体来说，北京、天津人口集聚是造成污染上升的主要原因，而对于河北而言，产业转移以及相应的人口转移是污染上升的主要原因。

因此，构建京津冀人口、产业视角下的污染转移与预测研究框架（见图7-4），探究当前水污染的关键影响因素，综合考虑协同化过程中如重工业的大量转移、产业转移过程中缺乏优化转型、承接地污染企业从业人员增加以及人口转移导致生活污水增加等问题意义重大。因此，本部分基于扩展 STIRPAT 模型，构建人口、产业转移视角下污染物转移的传统和绿色两套指标体系，从而识别、分析不同政策及技术情景下影响水污染的关键因素。在传统指标体系之下，选取人口、经济、单一技术和治理因素进行 OLS 多元线性回归，形成传统预测方程；

在绿色指标体系之下，选取绿色人口、经济、多重技术和治理因素进行多元线性回归，形成绿色预测方程。针对传统和绿色两种政策、技术情景，对京津冀三地的未来污染排放量做出预测，同时对比分析其减排效果，相关结果可以为京津冀一体化发展过程中污染排放治理提供数据支撑，并利于提出绿色发展的相关政策建议。

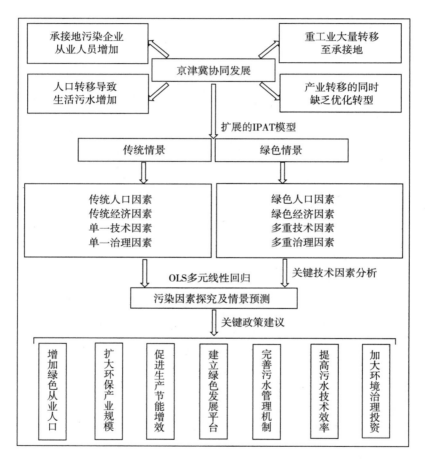

图7-4 京津冀人口—产业视角下的污染转移与预测研究框架

二、模型构建及数据来源

基于扩展 STIRPAT 模型，利用 2000—2018 年京津冀时间序列数据分别进行分析，用废污水排放总量作为影响环境的变量，加入环境治理投资影响因素，即 $I = \alpha P^\beta A^\gamma T^\lambda M^c u$。其中，$\alpha$ 为模型的系数，β、γ、λ、c 为各个自变量的系数，μ 为随机误差，两边取对数得：

$$\ln I = \ln\alpha + \beta\ln P + \gamma\ln A + \lambda\ln T + c\ln T + \ln\mu \tag{7-1}$$

此时，β、γ、λ、c 分别可以理解为人口、经济、技术水平以及环境治理投资对环境压力的影响弹性。

本部分通过构建传统和绿色两套指标体系，对比分析京津冀水污染的关键影响因素（见表 7-1）。其中，在传统情景之下，废污水排放量主要源于工业企业排放和生活污水，因为工业产值和第二产业从业人数的增加都会影响工业企业的规模，常住人口的增加会扩大生活污水的规模，进而影响废污水排放总量，而富裕程度一般选用人均代表，一般认为富裕程度越高，污染排放越少。因此，选用第二产业从业人员占比、常住人口数量、工业产值比例以及人均代表人口和经济因素。城市污水处理率的提升可以减少生活污水的排放，且工业排放废水达标率越高，工业废水排放越少。同时，加入环境治理因素，以环境污染治理投资占比代表环境治理力度。实际上，在传统过程中，废污水处理技术不发达，环境治理投资力度也不大，因此，选择单一的技术和环境治理因素作为相应的解释变量。在绿色情景之下，为了考虑绿色因素对京津冀废污水排放量的影响，并且突出绿色与传统指标下水污染排放量的对比，本书在第五章中对绿色发展中的关键技术因素进行了选取，主要是在绿色人口、经济、水资源环境现状以及政府治理四个方面选取代表性指标，通过主成分分析法进行了指标排名，排名靠前的为关键技术。在本部分，基于本书第五章的结果，综合考虑京津冀的实际情况，最终确定将绿色发展行业就业人数比例、绿色发展行业就业人数、绿色产值占比、人均绿色 GDP、城市污水处理率、用水户实际用水量重复利用率、城市工业用水重复利用率、工业排放废水达标率、环境污染治理投资占比以及 R&D 经费投入强度作为绿色发展情景下的关键因素，形成绿色指标体系。两套不同情景下的指标体系如表 7-1 所示。

表 7-1　京津冀传统与绿色指标体系

	被解释变量	环境影响	废污水排放量（亿立方米）
传统	控制变量	人口因素	常住人口数量（万）
			第二产业从业人员占比（%）
		经济因素	第二产业产值比例（%）
			人均 GDP（万元）
		技术因素	城市污水处理率（%）
			工业排放废水达标率（%）
		环境治理因素	环境污染治理投资占比（%）
绿色	被解释变量	环境影响	废污水排放量（亿立方米）
	控制变量	人口因素	绿色发展行业就业人数比例（%）
			绿色发展行业就业人数（万）
		经济因素	绿色产值占比（%）
			人均绿色 GDP（万元）
		技术因素	城市污水处理率（%）
			用水户实际用水量重复利用率（%）
			城市工业用水重复利用率（%）
			工业排放废水达标率（%）
		环境治理因素	环境污染治理投资占比（%）
			R&D 经费投入强度（%）

采用 OLS 多元线性回归方法，通过选取 2000—2018 年京津冀相关数据来分析传统和绿色情景下的废污水排放量影响因素。其中，数据来源主要分为两类，一类是直接数据，如废污水排放量、产值、常住人口数量、人均和第二产业从业人员占比，其来源于《北京统计年鉴》、《天津统计年鉴》以及《河北统计年鉴》，污水处理率、用水重复利用率以及废水达标率来源于《中国环境统计年鉴》，污染治理投资与 R&D 经费投入强度来源于《中国财政年鉴》。另一类是间接数据，通过计算所得，如绿色发展行业就业人数和绿色生产方式的投入，是通过划分绿色产业，包括信息传输、软件和信息技术服务业、金融业、科学研究和

技术服务业、水利环境和公共设施管理业、教育卫生和社会工作业、文化体育和娱乐业、公共管理、社会保障和社会组织业，然后将绿色产业产值和从业人员加总并求相应比值得到。在构建回归方程后，通过时间序列自回归补齐京津冀未来15年自变量的具体取值，对未来15年的京津冀水污染排放量进行预测分析。

三、结果分析

表 7-2 为京津冀在传统指标下废污水排放量的影响因素分析。显然，京津冀三地废污水排放量的关键影响因素为工业废污水排放量，其他影响因素在三地的表现各不相同，具体来看：其一，北京地区人均和工业排放废水达标率显著，其中人均每增加 1%，废污水排放量会减少 0.05%，工业排放废水达标率每增加 1%，废污水排放量会减少 2.16%。因此，要想降低北京地区的废污水排放量，需要增加产值，并提高技术处理水平。其二，从天津来看，天津地区常住人口数量、第二产值比例、人均以及工业排放废水达标率均为显著影响因素。其中，常住人口数量每增加 1%，废污水排放量会增加 2.43%；第二产业产值比例每增加 1%，废污水排放量会减少 2.96%；人均每增加 1%，废污水排放量会减少 0.11%；工业排放废水达标率每增加 1%，废污水排放量会减少 8%。因此，要想降低天津地区的废污水排放量，需要控制人口数量、增加第二产业产值，并提高技术处理水平。其三，从河北来看，河北地区第二产业产值比例和工业排放废水达标率为显著影响因素。其中，第二产业产值每增加 1%，废污水排放量会增加 2.25%；工业排放废水达标率每增加 1%，废污水排放量会减少 0.65%。因此，要想降低河北地区的废污水排放量，需要控制工业企业规模，重视产业升级转型，并提高技术处理水平。

表 7-2　传统指标下的京津冀分区回归

省份	北京	天津	河北
变量	相关系数	相关系数	相关系数
常住人口数量（万）	0.908	2.426***	7.937
第二产业从业人员占比（%）	0.235	−2.120	2.775

续表

省份	北京	天津	河北
第二产业产值比例（%）	−1.356	−2.958***	2.251*
人均（万元）	−0.050***	−0.111**	−0.001
城市污水处理率（%）	−0.475	0.255	−1.769
工业排放废水达标率（%）	−2.156**	−7.968*	−0.650*
环境污染治理投资占GDP比重（%）	0.010	−0.007	0.113
常数项	3.027	24.186	−20.926

表7-3为绿色指标框架下的京津冀分区回归结果，可以看出，京津冀水污染程度主要受到人口、经济、污染处理技术和污水处理投资的影响。其一，从北京来看，北京绿色发展行业就业人数及比例、用水户实际用水量重复利用率、城市工业用水重复利用率、工业排放废水达标率均为显著影响因素。因此，要想降低北京地区的废污水排放量，可以从发展绿色人口、绿色产业以及提高技术因素等入手。其二，从天津来看，天津地区绿色发展行业就业人数及比例、城市工业用水重复利用率、人均绿色均为显著影响因素，前两者每增加1%，废污水排放会呈现不同程度的减少，可见发展绿色人口、提高技术因素可以降低天津地区污染排放。其三，从河北来看，河北地区绿色发展行业就业人数及比例与城市污水处理厂二、三级处理能力以及城市工业用水重复利用率均是显著影响因素。因此，发展绿色产业、提高技术因素可以降低河北地区污染排放。

表7-3　绿色指标框架下的京津冀分区回归

省份	北京	天津	河北
变量	相关系数	相关系数	相关系数
绿色发展行业就业人数比例（%）	−1.517*	−0.767	−8.997**
绿色发展行业就业人数（万）	−0.131*	−0.174*	0.031
绿色GDP占比（%）	−1.990	0.010	−3.318
人均绿色GDP（万元）	0.163	0.181*	1.231
城市污水处理厂二、三级处理能力（万立方米/日）	−0.238	0.354	0.334**
用水户实际用水量重复利用率（%）	0.378**	−1.088	−0.331

续表

省份	北京	天津	河北
城市工业用水重复利用率（%）	−0.612**	−1.292*	−1.720*
工业排放废水达标率（%）	−3.047*	−0.130	−0.363
环境污染治理投资占 GDP 比重（%）	0.006	0.0128	0.030
R&D 经费投入强度（%）	0.014	−0.056	0.216
常数项	6.537	1.034	3.440

图 7-5 展示了传统和绿色情景下的京津冀三地未来废污水排放量的预测情况。在传统情景之下，北京、天津废污水排放量都呈现出下降趋势，河北呈现小幅上升趋势；在绿色情景之下，京津冀三地废污水排放量均呈现下降趋势。这主要是因为加入多重绿色因素后，京津冀的废污水排放量受到了更多制约，因而会使污染物排放量得到更大程度的降低。具体来看：其一，在头一个五年（2021—2025 年），在传统指标之下，北京污染物排放量预计下降到 18.3 亿立方米，天津预计下降到 7.6 亿立方米，河北预计会有轻微上升达到 31.6 亿立方米。这是因为随着时间的推移，北京、天津的城市污水处理率、工业废水排放达标率以及环境治理力度会不断加大，而河北常住人口数量增加以及第二产业从业人员占比上升会增加废污水排放量，且河北废污水处理技术并不高，因此，人口大幅度增长带来的污染物增排量抵消了技术上升所减少的污染量。在绿色指标体系之下，京津冀三地均呈现出下降趋势，废污水排放量都在不断减少。其二，在第二个五年（2026—2030 年），在传统指标体系下，京津冀三地仍然保持相同的趋势，而在绿色指标体系之下，北京污染物排放量预计下降到 17 亿立方米，天津预计下降到 5.9 亿立方米，而河北下降较多达到 23.8 亿立方米。这是由于随着时间的推移，产业升级优化不断加强，节水效率及污水处理效率不断增加，以及环境治理投资、污水处理设备投资不断加大所造成的。其三，在第三个五年（2031—2036 年），在传统指标体系之下，河北地区废污水排放量预计高达 31.8 亿立方米，而在绿色指标体系之下，京津冀污水排放量下降速率更快，这与技术的进一步提高和环境治理效果的提升关系密切。总体来看，随着时间的进一步发展，相比传统指标下的京津冀三地发展，绿色指标体系之下的京津冀三地废污水排放已

经得到明显的缓解，区域协同化发展中环境子系统协同度明显提高，由此可见，绿色发展因素在京津冀污染控制排放上起着关键性作用。

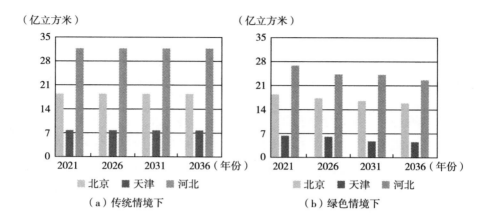

图 7-5　不同情景下未来京津冀废污水排放量预测

四、结论

通过传统指标和绿色指标下不同废污水排放量预测发现，相比于传统指标体系，绿色指标体系下京津冀污染排放量更符合可持续发展理念，即发展绿色城市、环境友好型城市。然而，目前京津冀绿色发展程度并不高，这主要是由于绿色发展规划不够、驱动能力不足、宣传投入有限等因素导致的。因此，提出以下四点具有针对性的政策建议：其一，因地制宜地制定城市发展战略，充分考虑城市所在区域的环境承载力，合理控制人口数量，特别是增加绿色发展行业的从业人员数量，推动绿色产业的发展，提高非绿色人口素质从而使其转变为绿色人口，加强城市创新发展，促进绿色企业的增长，缩小污染企业的规模；其二，引导和鼓励企业开展技术改造、绿色创新，大力提高技术装备水平、产品科技含量和附加值，不断扩大环保特色产业规模，重视产业优化升级，促进生产环节的节能增效，严格管控污染企业排放，改变传统发展模式下的低回报、高投入的劳动和资源密集型产业，逐步转变为科技创新和高素质资本投入的模式上来；其三，建立完善的污水处理管理机制，通过制定全面、细致的计划和制度，增加污水处理监督、质量监督等，健全污水处理质量保证体系、任务责任制度，提高水污染处理技术水平和处理能力，减排提效，加大相关技术的研究经费，全面提升废污水处理水平，降低废污水量排放；其四，加大环境治理力度，建立城市数据库，用大数据、云计算的方式推进未来城市的绿色发展。在整个运行模式里，要以制度善治为基础、以人文引导为灵魂、以市场推动为动力、以技术革新为保障，实现"政府—人文—市场—技术"融合，高质量配置公共资源，提高城市运行效益，并增强公民保护生态环境的意识，才能真正实现京津冀协同一体化的绿色发展。

第三节　人口、产业绿色发展下水污染物排放优化模型

一、研究思路及框架

京津冀三地主要水污染物排放特点相同之处在于，人口聚集带来的生活污染物排放量近年来持续增加，其增速相比于工业污染物和农业污染物都较大。在京津冀一体化背景下，人口、产业转移导致高耗能、高污染企业从北京、天津转向河北，从而导致京津冀排放特征呈现出新的状态。北京的农业和工业污染物排放近年来有大幅度的降低，但生活污染排放量却在持续增加；天津工业污染物近年来有了些许反弹，趋势值得关注；而河北作为农业大省，其农业污染物排放量巨大，但其工业污染物排放增量才是水环境压力增加的主要来源。

根据"三条红线"限制，目前京津冀减排压力预期不佳，因此，以京津冀水污染排放现状为基础，通过排放量优化，可以在一定程度上缓解目前京津冀严峻的排放形势，同时制定切实可行的减排政策，最终达到减排目标。因此，本部分构建如图7-6所示的研究框架，在区分水污染物来源（生活源、工业源、农

以下内容

业源）的基础上，关注人口、产业转移带来的污染物排放新特征、新格局，采用系统优化的形式构建水污染物排放优化模型，从而有利于达到优排增效的目标。在优化过程中，充分考虑系统的复杂性及不确定性，采用区间二阶段规划，并结合政策情节分析（技术减排率和污染物排放最大许可），获得最优系统收益及最优污染物排放规模。该结果将有利于提出京津冀精准减排策略。

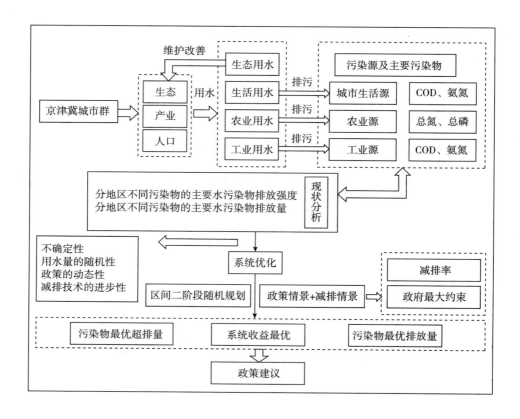

图 7-6　研究框架

二、模型构建

两阶段随机规划可以解决规划问题中预期目标与随机事件发生时的差异问题，通过第二阶段决策变量对预期目标（第一阶段变量）的追踪，从而实现预期目标与随机事件的博弈与调整。在京津冀污染排放优化配置当中,水资源及环境管理者会根据区域自然状况、人口分布状况、技术水平、工农业发展水平以及国家发展方向和整体布局,来对综合用水量及染物排放量进行预判断,给出一个预期目标值。然而,由于水体自净机理受到来水多少、气候、环境基底值等因素影响,而来水多少又会直接影响可用水量,从而导致污染物排放规模变化,因此,决策者很难根据现实状况制定准确的污染排放目标。在规划中,第一阶段目标具有不确定性,且污水排放收益与惩罚等难以一个准确值来表示,因此引入区间规划,即"+"表示参数上限,"−"表示参数下限,以解决数据不确定的问题。

根据京津冀产业现状和污染排放现状,经济发展部门会制定出区域未来的产量规模、经济目标,同时,环境管理部门会给出最大排放限制,如果污染排放超出排放限额,就要面临超排惩罚或环境治理费用等,会导致系统经济损失。其中,预期排污量是第一阶段决策变量,超出最大排放限制的超排量是第二阶段决策变量,在此基础上可建立京津冀排污效益最大化的目标函数,决策者力求通过两阶段区间模型,将不确定因素考虑到系统里,通过两阶段区间随机规划实现区域总系统收益最大、风险最小。两阶段区间随机模型如下:

$$\max f^{\pm} = f_1^{\pm} + f_2^{\pm} + f_3^{\pm} \tag{7-2}$$

其中,f 代表京津冀系统收益,f_1 代表京津冀农业排污系统收益,f_2 代表京津冀工业排污系统收益,f_3 代表京津冀生活排污系统收益。

限制条件如下:

$$f_1^{\pm} = a_{ij}(U_j^{\pm}(1-t)X_{ij} - Y_{ij}O_j^{\pm}) \tag{7-3}$$

$$f_2^{\pm} = b_{ij}(V_j^{\pm}(1-t)M_{ij} - N_{ij}P_j^{\pm}) \tag{7-4}$$

$$f_3^{\pm} = c_{ij}(W_j^{\pm}(1-t)S_{ij} - R_{ij}Q_j^{\pm}) \tag{7-5}$$

最大排放限限制如下:

$$a_{ij}(U_j^{\pm}(1-t) - O_j^{\pm}) \leqslant J_{ij}^{\pm}, \quad \forall i, j \tag{7-6}$$

$$b_{ij}(V_j^{\pm}(1-t) - P_j^{\pm}) \leqslant K_{ij}^{\pm}, \quad \forall i, j \tag{7-7}$$

$$c_{ij}(W_j^{\pm}(1-t) - Q_j^{\pm}) \leqslant L_{ij}^{\pm}, \quad \forall i, j \tag{7-8}$$

技术约束如下:

$$J_{ij}^{\pm} \geqslant 0,\ K_{ij}^{\pm} \geqslant 0,\ L_{ij}^{\pm} \geqslant 0,\ \forall i,\ j \tag{7-9}$$

其中，i 代表污染物（1 代表总氮、2 代表总磷、3 代表 COD、4 代表氨氮化合物），j 代表地区（1 表示北京、2 表示天津、3 表示河北），a_{ij} 为 j 地区农业主要污染物 i 的排放系数（吨/亿立方米），b_{ij} 为 j 地区工业主要污染物 i 的排放系数（吨/亿立方米），c_{ij} 为 j 地区生活主要污染物 i 的排放系数（吨/亿立方米），U_j 为 j 地区农业期望用水量（亿立方米），V_j 为 j 地区工业期望用水量（亿立方米），W_j 为 j 地区生活期望用水量（亿立方米），X_{ij} 为 j 地区排放农业主要污染物 i 的单位收益（亿元/吨），M_{ij} 为 j 地区排放工业主要污染物 i 的单位收益（亿元/吨），S_{ij} 为 j 地区排放生活主要污染物 i 的单位收益（亿元/吨），Y_{ij} 代表 j 地区超排农业主要污染 i 的单位惩罚（元/吨），N_{ij} 代表 j 地区超排工业主要污染 i 的单位惩罚（元/吨），R_{ij} 代表 j 地区超排生活主要污染 i 的单位惩罚（元/吨），Q_j 为 j 地区农业用水超出量（亿立方米），P_j 为 j 地区工业用水超出量（亿立方米），Q_j 为 j 地区生活用水超出量（亿立方米），J_{ij} 为 j 地区农业主要污染物 i 的最大排放约束（吨），K_{ij} 为 j 地区工业主要污染物 i 的最大排放约束（吨），L_{ij} 为 j 地区生活主要污染物 i 的最大排放约束（吨），t 为减排系数（%）。

在上述模型里面，系统收益、用水量、超排量、最大排放限制是用区间范围表示，模型中 "+" 表示上限值，"-" 表示下限值，对于上述规划，难以确定是否应以 U_j^+、V_j^+、W_j^+ 对应 f_{opt} 或者 U_j^-、V_j^-、W_j^- 对应 f_{opt}（决策 U_j^+、V_j^+、W_j^+ 会产生大的经济收益，但是它所带来的风险也大；决策 U_j^-、V_j^-、W_j^- 会产生较小的经济收益，而它所带来的风险也小）。求解步骤如下：

第一步，对农业用水 $U_j^{\pm}$ 引入变量 z_j，$z_j \in [0,\ 1]$，令 $U_j^{\pm} = U_j^- + \Delta U_j z_j$，$\Delta U = U_j^+ - U_j^-$，如果 z_j 为确定值，那么 $U_j^{\pm} = U_j^- + \Delta U_j z_j$ 也变为确定值；对工业用水 $V_j^{\pm}$ 引入变量 x_j，$x_j \in [0,\ 1]$，令 $V_j^{\pm} = V_j^- + \Delta V_j z_j$，$\Delta V = V_j^+ - V_j^-$，如果 x_j 为确定值，那么 $V_j^{\pm} = V_j^- + \Delta V_j x_j$ 也变为确定值；对生活用水 $W_j^{\pm}$ 引入变量 y_j，$y_j \in [0,\ 1]$，令 $W_j^{\pm} = W_j^- + \Delta W_j z_j$，$\Delta W = W_j^+ - W_j^-$，如果 y_j 为确定值，那么 $W_j^{\pm} = W_j^- + \Delta W_j x_j$ 也变为确定值。模型转化为：

$$\max f^{\pm} = \sum_{i=1}^{2} \sum_{j=1}^{3} a_{ij} \big((U_j^- + \Delta U_j z_j)(1-t)X_{ij} - Y_{ij}O_j^{\pm} \big) + \sum_{i=1}^{2} \sum_{j=1}^{3} b_{ij} \big((V_j^- + \Delta V_j x_j)(1-t)$$

$$M_{ij} - N_{ij}P_j^{\pm}) + \sum_{i=1}^{2} \sum_{j=1}^{3} c_{ij}((W_j^- + \Delta W_j y_j)(1-t)S_{ij} - R_{ij}Q_j^{\pm}) \qquad (7-10)$$

约束条件为：

$$a_{ij}((U_j^- + \Delta U_j z_j)(1-t) - O_j^{\pm}) \leqslant J_{ij}^{\pm}, \quad \forall i, j \qquad (7-11)$$

$$b_{ij}((V_j^- + \Delta V_j x_j)(1-t) - P_j^{\pm}) \leqslant K_{ij}^{\pm}, \quad \forall i, j \qquad (7-12)$$

$$c_{ij}((W_j^- + \Delta W_j y_j)(1-t) - Q_j^{\pm}) \leqslant L_{ij}^{\pm}, \quad \forall i, j \qquad (7-13)$$

$$U_{j\max}^{\pm} \geqslant U_j^- + \Delta U_j z_j \geqslant O_j^{\pm} \geqslant 0, \quad \forall i, j \qquad (7-14)$$

$$V_{j\max}^{\pm} \geqslant V_j^- + \Delta V_j x_j \geqslant P_j^{\pm} \geqslant 0, \quad \forall i, j \qquad (7-15)$$

$$W_{j\max}^{\pm} \geqslant W_j^- + \Delta W_j y_j \geqslant Q_j^{\pm} \geqslant 0, \quad \forall i, j \qquad (7-16)$$

$$0 \leqslant z_j \leqslant 1, \ 0 \leqslant x_j \leqslant 1, \ 0 \leqslant y_j \leqslant 1, \quad \forall j \qquad (7-17)$$

第二步，列出 f_{opt}^+ 对应模型，并进行求解。与 f_{opt}^+ 对应的规划为：

$$\max f^+ = \sum_{i=1}^{2} \sum_{j=1}^{3} a_{ij}(U_j^+(1-t)X_{ij} - Y_{ij}Q_j^-) + \sum_{i=1}^{2} \sum_{j=1}^{3} b_{ij}(V_j^+(1-t)M_{ij} - N_{ij}P_j^-) +$$

$$\sum_{i=1}^{2} \sum_{j=1}^{3} c_{ij}(W_j^+(1-t)S_{ij} - R_{ij}Q_j^-) \qquad (7-18)$$

约束如下：

$$\Delta U_j z_j - \frac{O_j^-}{1-t} \leqslant \frac{\dfrac{J_{ij}^+}{a_{ij}}}{1-t} - U_j^-, \quad \forall i, j \qquad (7-19)$$

$$\Delta V_j x_j - \frac{P_j^-}{1-t} \leqslant \frac{\dfrac{K_{ij}^+}{b_{ij}}}{1-t} - V_j^-, \quad \forall i, j \qquad (7-20)$$

$$\Delta W_j y_j - \frac{Q_j^-}{1-t} \leqslant \frac{\dfrac{L_{ij}^+}{c_{ij}}}{1-t} - W_j^-, \quad \forall i, j \qquad (7-21)$$

$$\Delta U_j z_j \leqslant U_{j\max}^+ - U_j^-, \ O_j^- - \Delta U_j z_j \leqslant U_j^-, \ O_j^- \geqslant 0, \ 0 \leqslant z_j \leqslant 1, \quad \forall j \qquad (7-22)$$

$$\Delta V_j x_j \leqslant V_{j\max}^+ - V_j, \ P_j^- - \Delta V_j x_j \leqslant V_j^-, \ P_j^- \geqslant 0, \ 0 \leqslant x_j \leqslant 1, \quad \forall j \qquad (7-23)$$

$$\Delta W_j y_j \leqslant W_{j\max}^+ - W_j, \ Q_j^- - \Delta W_j y_j \leqslant W_j^-, \ Q_j^- \geqslant 0, \ 0 \leqslant y_j \leqslant 1, \quad \forall j \qquad (7-24)$$

求解此一般线性规划。其中，O_j^-、P_j^-、Q_j^-、z_j 为子模型的上限决策变量，求解可得 f_{opt}^+、$O_{j,opt}^-$、$P_{j,opt}^-$、$Q_{j,opt}^-$ 和 $z_{j,opt}$、$x_{j,opt}$、$y_{j,opt}$。将 $z_{j,opt}$、$x_{j,opt}$、$y_{j,opt}$ 作为已知

量代入下面求解过程。

第三步，列出 f_{opt} 对应模型，并进行求解。

$$\max f^- = \sum_{i=1}^{2}\sum_{j=1}^{3} a_{ij}\big(\big(U_j^- + \Delta U_j z_{iopt}\big)\big(1-t\big)X_{ij} - Y_{ij}Q_j^+\big) + \sum_{i=1}^{2}\sum_{j=1}^{3} b_{ij}\big(\big(V_j^- + \Delta V_j x_{iopt}\big)$$

$$\big(1-t\big)M_{ij} - N_{ij}P_j^+\big) + \sum_{i=1}^{2}\sum_{j=1}^{3} c_{ij}\big(\big(W_j^- + \Delta W_j y_{iopt}\big)\big(1-t\big)S_{ij} - R_{ij}Q_j^+\big) \quad (7\text{-}25)$$

约束如下：

$$\Delta U_j z_j - \frac{O_j^+}{1-t} \leqslant \frac{\dfrac{J_{ij}^-}{a_{ij}}}{1-t} - U_j^-, \quad \forall\, i,\, j \quad (7\text{-}26)$$

$$\Delta V_j x_j - \frac{P_j^+}{1-t} \leqslant \frac{\dfrac{K_{ij}^-}{b_{ij}}}{1-t} - V_j^-, \quad \forall\, i,\, j \quad (7\text{-}27)$$

$$\Delta W_j y_j - \frac{Q_j^+}{1-t} \leqslant \frac{\dfrac{L_{ij}^-}{c_{ij}}}{1-t} - W_j^-, \quad \forall\, i,\, j \quad (7\text{-}28)$$

$$O_j^+ - \Delta U_j z_j \leqslant U_j^-, \quad O_j^+ \geqslant O_{jopt}^-, \quad \forall\, j \quad (7\text{-}29)$$

$$P_j^+ - \Delta V_j x_j \leqslant V_j^-, \quad P_j^+ \geqslant P_{jopt}^-, \quad \forall\, j \quad (7\text{-}30)$$

$$Q_j^+ - \Delta W_j y_j \leqslant W_j^-, \quad Q_j^+ \geqslant Q_{jopt}^-, \quad \forall\, j \quad (7\text{-}31)$$

由此即可求出 f_{opt}^-，$O_{j,opt}^+$、$P_{j,opt}^+$、$Q_{j,opt}^+$。

第四步，整理出最优解和最优值。

$$f_{opt}^{\pm} = \big[f_{opt}^-,\, f_{opt}^+\big] \quad (7\text{-}32)$$

$$O_{j,opt}^{\pm} = \big[O_{j,opt}^-,\, O_{j,opt}^+\big] \quad (7\text{-}33)$$

$$P_{j,opt}^{\pm} = \big[P_{j,opt}^-,\, P_{j,opt}^+\big] \quad (7\text{-}34)$$

$$Q_{j,opt}^{\pm} = \big[Q_{j,opt}^-,\, Q_{j,opt}^+\big] \quad (7\text{-}35)$$

再通过排污系数就可得到分地区分污染源主要污染物的超排量区间范围和最优排放区间范围。

在以上各式中，地区产业生产总值来源于《北京统计年鉴》《天津统计年鉴》《河北经济年鉴》，污染物排放量来源于《中国环境统计年鉴》，各地区的分用途用水量来源于《中国第三产业统计年鉴》。其他的参数通过间接计算所得，如排污系数通过排放量与用水量的比值求得，单位排放污染物收益系数通过地区产业产值与主要污染物排放量比值求得，污染惩罚则采用影子工程价格法来核算。

三、结果分析

1. 情景设置

根据京津冀"十三五"规划目标（《北京市"十三五"重点污染物总量控制计划》《天津市"十三五"生态环境保护规划》和《河北省生态环境保护"十三五"规划》），北京和天津主要污染物与 2015 年相比，COD 减排要达到 14%，氨氮减排达到 16%，挥发性有机物排放总量减少 20%，河北则是 COD 减排 19%，氨氮减排 20%，挥发性有机物排放总量减少 20%。

为达到减排目标，需要采取有效的政策规制（最大排放许可限制、减排目标等）与技术改进（包括提高工业减排技术、生活用水重复利用率、农业灌溉用水等）来提升总体系统收益。因此，通过设置 10 种情景来反映减排率与政府最大排放许可的变动。其中，S0 为基础情景，即技术减排率（t）为 0，污染物最大排放许可不变；在污染物最大排放许可不变的情况下，设置情景 S1～情景 S3，技术减排率分别为 5%、10%、15%，以此可以看到排放率对于超排量和最优排放的影响；政府决策通常是阶段性目标，会进行阶段性调整，因此设置污染物最大排放许可变动的情景，即情景 S4 和情景 S5，在这两种情景中，政府对于污染物最大排放许可的约束会分别收紧 5%、10%，以此观察最大排放许可变化对污染物超排量和排放量的影响；在实际中，政府决策会根据技术减排率变动的实际情况做出相应调整，因此设置技术减排率和最大排放许可两个因素都变动的情景，即情景 S6 和情景 S7。通过比对不同情景下的超排量和最优排放量，可以更清晰地看到技术减排率和最大排放许可的影响效果，如表 7-4 所示。

表 7-4   不同情景下的技术减排率和污染物最大排放许可变动率

情景	技术减排率			污染物最大排放许可变动率		
	北京	天津	河北	北京	天津	河北
S0	0	0	0	0	0	0

情景	技术减排率			污染物最大排放许可变动率		
	北京	天津	河北	北京	天津	河北
S1	5	5	5	0	0	0
S2	10	10	10	0	0	0
S3	15	15	15	0	0	0
S4	0	0	0	10	10	10
S5	0	0	0	15	15	15
S6	5	5	5	10	10	10
S7	5	5	5	15	15	15

2. 基础情景

图 7-7 为基础情景（S0）下的京津冀不同污染物超排量，总体来看，初始目标与实际情况有一定脱节，因此导致三地均存在不同程度的超排，其一，北京生活超排量最大，其中生活 COD 超排区间范围为 19300~29700 吨，氨氮超排区间范围为 3200~4800 吨。北京目前生活污水减排措施以新扩污水处理厂为主，虽然水污染治理能力有了很大提高，但是北京生活超排量依然最高，说明以结构减排、监督管理、工程减排为主的三大减排体系还需完善，不能仅依靠以建设污水处理厂为主的工程减排；北京城乡污水处理水平不平衡，中心城区污水处理水平已接近国际大城市，但郊区县城以及农村的生活污水处理水平较差。其二，天津工业超排最大，工业 COD 超排区间范围为 16500~20300 吨，氨氮超排区间范围为 1800~2200 吨。天津工业较为发达，重工业占比高，但是工业废水处理设备落后急需改造，许多设施已运行 10 年以上，处理效率低下；天津乡镇工业发展快速，但污染物处理设施的建设速度滞后，并且乡镇工业企业废水处理设施比较简单，也造成了天津工业污染物的超排量较多。其三，河北生活污染物超排最高，COD 超排区间范围为 50300~70100 吨，氨氮超排区间范围为 15800~22100吨。河北的农业污染物超排不同于北京和天津，河北农业污染物的超排量并没有明显少于工业和生活污染物。河北作为人口大省和农业大省，面临着生活污染和农业污染的双重压力，河北许多农村仍然采取大水漫灌的传统模式，造成水资源的大量浪费。化肥使用不够合理、化肥使用效率低下也造成了河北农业污染的大

量超排。河北在污水和废水处理设施上与北京和天津也有差距，产业结构也有待完善，造成了河北生活、工业和农业污染物超排量较多。

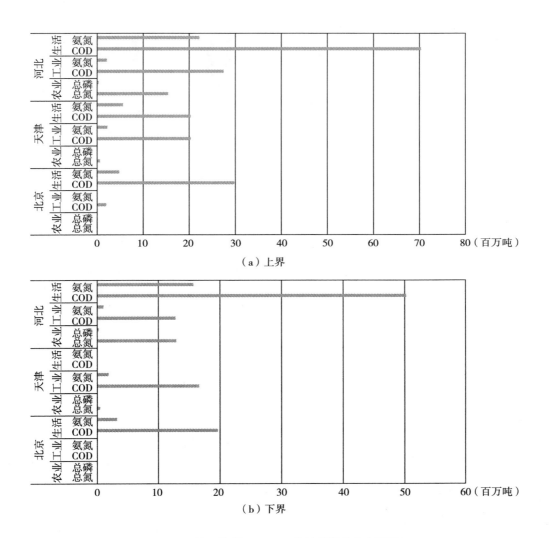

图 7-7　基础情景（S0）下京津冀污染物超排量

图 7-8 为基础情景（S0）下京津冀最优排放量上下界和期望目标值及比例关系。通过分析发现，京津冀三地农业、工业和生活最优排放量与初始目标值存在差距。其一，北京的生活最优排放量与目标值的差值最大（超排最多），超排

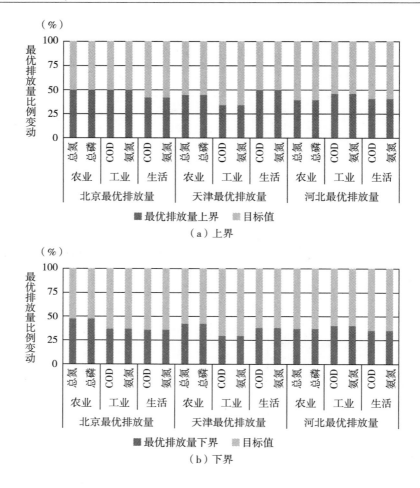

图 7-8　基础情景（S0）下京津冀污染物最优排放量

率达到目标值的 18%～28%，说明生活污染物为北京最需要控制的污染源，还需进一步减少生活污染物的排放量。近年来，北京常住人口增速放缓，但仍保持着持续增长，北京常住人口的增长主要取决于外来人口，人口的扩张使生活用水量和污水排放量大幅增加，给水环境带来了巨大的压力。通过预测发现，如果北京的常住人口无法向天津和河北疏解，其生活排放的压力依然很大。其二，天津的工业最优排放量与目标值的差值最大，为 32%～42%，说明天津还需进一步控制工业污染物的排放。天津服务业发展相对滞后，重工业占比远远大于轻工业，重工业的发展，带来了经济的快速增长，但同时也对环境造成了巨大的压力，其中工业 COD 和氨氮排放量较大的产业主要有化学原料及化学制品制造业、纺织业、造纸及纸制品业。天津应针对这类污染高排放企业采取迁入园区、升级改造等措施，加快产业的转型和升级，减少工业污染物的排放量。其三，河北农业污染物与目标值差值最大，为 22%~26%，河北省农业污染物的排放量巨大，对河北造成了巨大的压力。河北 2015 年全省使用化肥超 300 万吨，但是利用率不到 40%，河北农业目前仍处于传统农业向现代农业的过渡阶段，粗放型的经营模式造成了农药、化肥的大量不合理使用。

　　3. 政策情景分析

　　（1）系统收益。

　　图 7-9 为情景 S0~情景 S7 八种情景下系统收益上界和下界的变化趋势，系统收益上界在情景 S0 时是最高的，系统收益区间范围为 20500 亿~30500 亿元，收益下界在情景 S3 时最高，收益区间范围为 21300 亿~30200 亿元。在情景 S5 时，系统收益最低，收益区间范围为 14800 亿~23100 亿元。系统收益上界随着技术减排率的提高和最大排放许可的改变不断下降，而系统收益下界随着技术减排率的提高而提升，随着最大排放许可的提高有一定程度下降。为探究仅技术水平提升对优化模型的影响，设置了情景 S1~情景 S3 三种情景，即研究技术水平提升不同时，最优污染排放量变动如何。可以看到，提高技术减排率系统收益的上界会有小幅度的降低，但会在一定程度上提高收益下界。仅考虑政府规制变动（即最大排放许可发生变化）时，系统收益不增反降。根据情景 S4 和情景 S5 两种可以看出，当技术水平没有提升而减排不断加强时，必然对系统收益造成不利影响。在现实情况中，技术水平提升与减排要求提升往往同时发生，探究此时系统收益的变动更加具有实际意义。技术减排率的提高使企业相对容易地达到被分配的减排指标，然而政府的决策根据现实情况调整之后对最大排放许可进行收紧，企业被要求的减排量也会增加，此时对系统收益造成的影响具有不确定性（情景 S6、情景 S7）。情景 S6 下，技术水平提升作用大于最大排放许可收紧的作用，系统收益提升为 19700 亿~29400 亿元。情景 S7 下，最大排放许可收紧更加明显，与技术水平提升已经发生错配，此时对经济发展不利，系统收益下降明

显。在绿色发展的趋势下，政府最大排放许可的约束会逐渐收紧，企业要想保持活力而不被淘汰，提高技术减排率变得尤为重要。企业通过提高技术减排率可以更容易完成减排目标，保持产量以保证自身的发展。

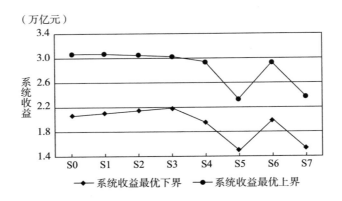

图 7-9　不同情景下系统收益最优区间范围

（2）最大排放许可不变、提高技术减排率时的情景比较（情景 S1~情景 S3）

图 7-10 为情景 S1~情景 S3 下污染物超排量与基础情景 S0 的对比值，其结果表明在相同污染物排放许可下，提高技术减排率可以减少京津冀工业主要水污染物超排量。其一，河北工业污染物降低幅度最大，在情景 S3 时，河北工业污染物超排量达到最低，此时 COD 超排区间范围为 0~12100 吨，氨氮超排区间范围为 0~955 吨，仅为情景 S0 的 44%。河北正处于工业化中期的起步阶段，高新技术产业发展不足，粗放的生产方式导致了大量的工业污染物超排，因此技术带来的减排效果尤为显著。河北近年来工业全要素生产率与资本产出效率持续走低，以创新驱动的工业经济是河北减少工业污染必须要走的道路。其二，提高技术减排率可以降低北京工业污染物超排量，情景 S3 下工业 COD 超排量达到基础情景的 65%，氨氮超排量达到基础情景的 59%。北京已走上了新型工业化道路，技术水平相对较高，而其发掘工业减排潜力相对河北来说较为困难，因此，要转换视角，不单单聚焦于传统工业减排技术提升，可以加大对优质、清洁能源的研发力度，吸引和促进高精尖产业发展。其三，情景 S3 下，天津工业污染物超排

量最低，可达到最优系统收益，相较于基础情景，COD 超排量降低了 31%，氨氮超排量降低了 35%。多年来，天津一直积极推进节能减排和创新工作的普及和推广，天津企业重点实验室在 2013 年突破 150 家，R&D 经费投入力度加大，这一系列举措都有效提升了技术水平，对天津减排功不可没。然而，可以看到的是，天津的技术减排潜力依然很大。目前，天津的工业技术水平与北京仍有差距，因此，找准减排的制约技术瓶颈，加大投资力度，注重企业创新研发人员的培养，都有利于实现技术水平的进一步提升，减少资源消耗与污染排放，进而突破发展瓶颈。

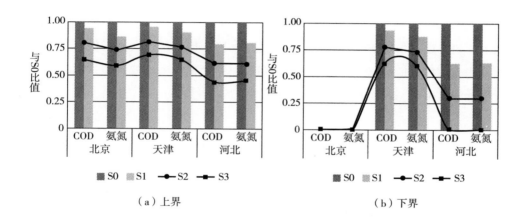

图 7-10　情景 S1~情景 S3 下京津冀工业污染物超排量

图 7-11 为情景 S1~情景 S3 下京津冀生活污染物最优排放量与情景 S0 下最优排放量的比例关系。其一，提升技术水平减排率对天津生活污染排放影响最为明显。情景 S3 下，天津生活 COD 最优排放区间范围为 25000~43500 吨，生活氨氮排放量最优排放区间范围为 6900~12100 吨。天津生活污染物随着技术减排率提高而减少，最优排放量在情景 S3 时达到最少，与基础情景 S0 相比，下降明显。天津近些年一直特别重视生活污染物的减排工作，到 2015 年，天津新扩建污水处理厂 67 座，配套管网 1303 千米，新增污水处理能力 79.7 万吨/日，城镇污水集中处理率提高到 91.5%。这说明通过提升生活污水处理能力，加大政府投

入、扩建污水处理厂可以极大地降低生活污水的排放量。如果天津可以继续完善生活污水的处理能力，那么可以进一步挖掘生活污染物的减排空间。其二，与天津有所不同的是，技术水平提升对北京生活污染减排作用有限，原因在于北京人口数量多，生活污染排放总量控制难度也较大，单纯的技术水平提升起到的减排作用不如天津明显。因此，若想有效控制北京生活污染排放，还需要人口调控与提升技术水平双管齐下。其三，河北提高技术减排率后相较于基础情景，最优排放量降低了3%，主要是由于河北生活污染物排放总量大，几乎等于北京和天津的生活污染物排放总和，并且河北废水处理措施比较落后，城市下水道系统并不完善，暴雨过后，污水直接流入附近的河流，同时农村生活污水缺乏处理措施，添加了洗衣粉、洗衣液的污水直接倾倒向河流。因此，虽然技术减排率的提高对于削减超排量有很好的效果，但是河北生活污染物排放量过大，仅依靠技术减排率可能无法很好地控制生活污染物的排放，仍要加强污染排放管控，完善污水管道等基础设施，并且严查污水乱排现象。

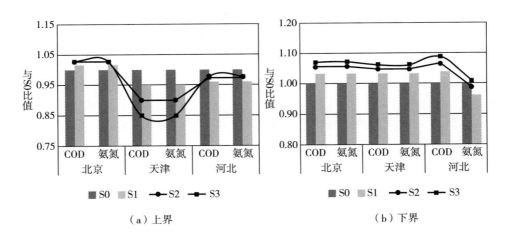

（a）上界　　　　　　　　　（b）下界

图 7-11　情景 S1~情景 S3 下京津冀生活污染物最优排放量

（3）技术减排率不变、收紧最大排放许可时的情景比较（情景 S4~情景 S5）。

图 7-12 表述了情景 S0、情景 S4、情景 S5 情景下京津冀农业污染物超排量。京津冀农业污染排放统一调控对京津冀三地的影响不相同。其一，北京农业污染

本身排放量较小，当农业总的排放许可收紧时，北京压力相对较小。在情景 S0 时，农业污染物超排区间范围为 0~84.1 吨，情景 S4 时超排量最高为 34.6~112.5 吨，若技术水平不变，农业污染排放许可减小，北京相对容易达到目标，原因在于北京都市型现代农业的发展方向，农业体现出的多功能发展特点，有机农业、生态农业、旅游农业等均有利于污染物减排。其二，在政府最大排放许可收紧时，天津农业污染物超排量由情景 S0 时的 412.4~584.7 吨上升到情景 S5 时的 539.2~698.9 吨。多年来，天津一直保持着最严格的耕地保护制度和土地节约制度，不断加大财政补贴力度，鼓励推广使用有机肥和秸秆还田来改善土壤质量，贯彻农业绿色发展理念，深入推进农药使用量零增长活动，这些措施对于农业污染控制起到了积极作用。其三，京津冀农业最大排放许可缩小，对河北影响最为明显，河北作为农业大省，承担着保障粮食安全的作用，因此河北的农业污染物减排面临巨大的挑战。情景 S0 时的污染物超排区间范围为 13000~15500 吨，情景 S5 时超排区间范围最高为 14800~17200 吨。河北农业以分散经营为主，缺乏管理，并且农民为了高产，不科学地使用化肥而导致肥料利用率低，农药利用率不足 30%，造成了土地污染和水污染。因此，农业的减排对于河北来说，任务艰巨，在政府收紧最大排放许可时，其对河北农业发展提出了巨大挑战，发展现代农业，科学施用肥料并且改善耕作制度，注意合理休耕，可能是打破困境的方法。

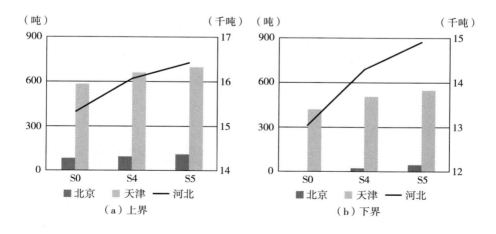

图 7-12　情景 S0、情景 S4、情景 S5 下京津冀农业污染物超排量

（4）技术减排率与最大排放许可同时变动时的情景比较（情景 S1、情景 S6、情景 S7）。

图 7-13 表述了情景 S1、情景 S6、情景 S7 下京津冀农业污染物最优排放量与情景 S0 时相比的减少率。技术水平提升能够保证实现污染减排方案的同时，不对经济发展造成较大不利影响，而最大排放许可收紧属于政府管制措施，若污染排放许可不合理则会在一定程度上牺牲经济的发展来实现环境保护的目标。其一，北京经济发展程度高，各行业技术水平高，对于北京而言，相比于技术水平提升因素，最大排放许可变动对北京污染排放影响更明显。北京生活污染物的最优排放区间在情景 S7 时最低，为 704~778 吨，与情景 S0 时相比减少了 7%左右。其二，天津在情景 S1 时，技术提升引起污染排放量减少而最大排放许可不发生变动，此时优化得出的天津生活源最优污染排放量减小，说明技术水平提升对于天津生活污染减排作用明显。当技术提升的同时，污染排放许可收紧（情景 S7），天津最优排放区间范围为 24600~27800 吨，与基础情景（S0）相比降低了 5.45%~6.30%，说明政策作用往往比技术水平提升对减排的作用更加迅速且明显。其三，河北与天津在三种情景下的趋势相同，排放量在情景 S7 时达到最低，与情景 S0 时相比降低了 3.96%~4.77%。这表明减排政策效应往往更迅速，但是也将在一定程度上对系统收益产生不利影响，因此要合理根据技术水平发展而确定相应的减排目标，才能够得到最大化的系统收益。河北农业污染物要想得到有

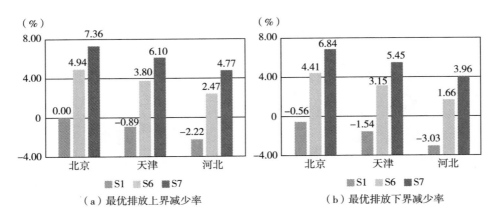

图 7-13 情景 S1、情景 S6、情景 S7 下京津冀农业污染物最优排放量减少率

效的控制，除了在技术上加强（比如改善农业的灌溉技术，提高灌溉水的利用效率，量化农药使用量并提高利用效率，规模化畜禽养殖，更新粪污处理设施）之外，还需加大政府等的监管力度，通过政府的约束、技术改进、产业结构优化多管齐下，才能有效控制生活污染物的排放，实现河北生活污染物的排放优化。

4. 结论

本部分通过建立区间二阶段模型，对京津冀水污染物优化减排配置进行研究，其能够很好地解决实际排放与预期目标间的差异，并将经济发展、可用水量的不确定性考虑到污染物排放模型中，同时，将技术减排率和最大排放许可变动纳入政策情景，得出不同政策情景下最优污染排放量以及系统收益。通过计算发现，北京生活污染物、天津工业污染物和河北农业污染物分别对本地区水环境产生压力最大，是亟须解决的问题。近年来，北京人口调控政策在一定程度上控制了流动人口及常住人口的增长速度，但是北京常住人口仍保持着一定的增长趋势，未来生活污染物对于北京市环境产生的压力依然巨大，技术水平提升对于北京污染减排作用有限。目前，北京本身农业现代化、工业精细化水平较高，北京的工业污染物减排依赖于高新技术的开发，且北京的都市型现代农业取得了巨大的成功，因此可以很好地完成减排目标。然而，生活污染减排与人口数量关联性更强，因此，对于北京而言，根据技术水平提升设置减排目标时，也要考虑常住人口规模变动的因素，从而实现系统收益最大。

天津工业污染物技术减排空间巨大，技术水平提升对天津污染排放作用最明显。因此，政府应加大对技术创新的经费投入以及注重创新研发人员的培养，以进一步提升技术水平，减少污染排放。

河北作为农业大省，其仍然处于传统农业模式向现代农业的过渡阶段，经营模式粗放、过度施肥、化肥利用率低等因素都造成了农业污染物的大量排放，河北应加快向集约型农业的转变。另外，河北工业和生活污染物形势也不容乐观，减排潜力大，技术水平提升对污染减排起到正向作用，最大排放许可的收紧能倒逼对污染排放的控制。

第四节　京津冀绿色减排潜力研究

综合考虑技术水平和政府规制能够在一定程度上优化京津冀地区污染排放格局，但三地经济发展规模和生态承载力差异明显，且各行业单位产值排污量也不同，因此，深入分析各地不同人口、产业和生态的具体情况，进一步对京津冀排放强度进行分析，探究京津冀三地不同行业的减排潜力，将有利于平衡经济发展、居民生活与污染减排，以实现可持续发展，并为实行减排政策提供参考。

一、研究思路及方法

图 7-14 显示了京津冀水污染排放强度及减排潜力分析研究思路。首先，根据用水功能将排放主体分为生活用水、工业用水、农业用水、生态用水。其中，生态用水主要是用于维护水体及环境功能的基本生态需求水量，该部分水量从总用水量中排除。在京津冀发展过程中，水资源被作为一种重要要素，投入到生活、生产中，在参与整个生产过程后，其会有污染物排出，造成水体污染。本部分以污染物的排放强度为目标，对 2005—2018 年京津冀主要污染物（废水总量、总磷、总氮、COD 和 BOD）进行分析，描述京津冀三地污染物排放的总体变化趋势及特征。在此基础上，考虑经济调控、技术进步（节水技术及污染减排技术）对污染物排放强度的影响，设置考虑经济调控、技术进步的政策情景，对未来规划期的减排潜力进行分析，并获得相应的结果。

污染排放强度一般是用污染物排放量和生产总值的比值来衡量，为了对京津冀的污染排放强度进行更细致的研究，推断预测三地区的减排潜力，本部分将污染物按来源细分为农业污染、工业污染和生活污染，并分别确定其排放强度。首先，综合考虑京津冀的生活用水节水率、工业用水节水率、农业用水节水率以及工业污染物技术减排率、生活污染源技术减排率（农业污染属于面源污染，在考虑减排时不纳入公式中），计算获得京津冀分污染源的排放强度；其次，通过综合比较来衡量京津冀的污染物排放潜力。

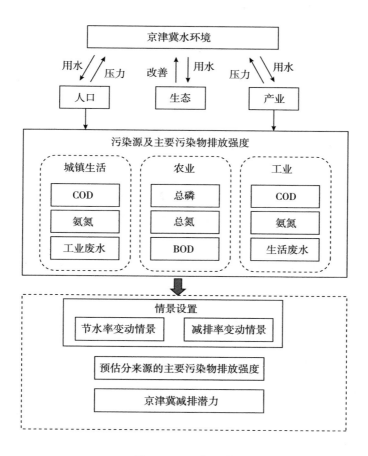

图 7-14 研究思路

农业污染物排放强度为：

$$IA_{i,r} = \frac{DA_{i,r}}{GDP_i} \tag{7-36}$$

其中，i 代表地区（r=1，2，3，分别表示北京、天津、河北），r 为污染物种类（r=1，2，3，4，5，分别表示 COD、氨氮、总氮、总磷、BOD），GDP_i 为 i 地区的农业产值，$DA_{i,r}$ 代表 i 地区 r 农业污染物的排放总量，$IA_{i,r}$ 代表 i 地区 r 农业污染物的排放强度。

$$IAS_{i,r} = \frac{DA_{i,r} \times (1-s_i)}{GDP_i} \qquad (7-37)$$

其中，s_i 表示 i 地区的生活用水节水率，$IAS_{i,r}$ 表示加入节水率后京津冀三地农业污染物的排放强度。

工业污染物排放强度为：

$$II_{i,r} = \frac{DI_{i,r}}{GDP_i} \qquad (7-38)$$

$$IIS_{i,r} = \frac{(1-s_i) \times (1-r_{i,r}) \times DI_{i,r}}{GDP_i} \qquad (7-39)$$

其中，GDP_i 表示 i 地区的工业产值，$DI_{i,r}$ 表示 i 地区 r 工业污染物的排放总量，$II_{i,r}$ 表示 i 地区 r 工业污染物的排放强度，s_i 表示三个地区的工业用水节水率，$r_{i,r}$ 表示 i 地区 r 工业污染的技术减排率，$IIS_{i,r}$ 表示加入节水率和技术减排率之后 i 地工业污染物的排放强度。

生活污染物排放强度为：

$$IH_{i,r} = \frac{DH_{i,r}}{GDP_i} \qquad (7-40)$$

其中，$DH_{i,r}$ 代表 i 地区 r 生活污染物的排放总量，$IH_{i,r}$ 代表 i 地区 r 生活污染物的排放强度。

$$IHS_{i,r} = \frac{(1-s_i) \times (1-w_{i,r}) \times DH_{i,r}}{GDP_i} \qquad (7-41)$$

其中，s_i 表示三个地区的生活用水节水率，$w_{i,r}$ 表示 i 地区的 r 生活污染物污水技术减排率，$IHS_{i,r}$ 表示加入节水率和技术减排率之后的 i 地区 r 生活污染物的排放强度。根据上述各式和已得数据可测算出京津冀目前的工业、农业、生活的主要污染物的排放强度。

二、数据来源及减排潜力情景分析

根据 2012—2018 年的环境统计年鉴污染物的排放数据和 2012—2018 年的《北京统计年鉴》、《天津统计年鉴》和《河北统计年鉴》的分行业 GDP 数据，结合上述各式和已得数据，可测算出京津冀目前工业、农业、生活的主要污染物排放强度。

1. 农业主要污染物排放强度

农业主要污染物包含 COD、氨氮。由于 2011 年农业污染物才加入 COD 和氨氮，因此只计算 2011—2018 年的 COD 和氨氮的农业排放强度（见表 7-5）。

表 7-5　2011—2018 年京津冀农业主要污染物排放强度

单位：吨/亿元

年份	COD 排放强度			氨氮排放强度		
	北京	天津	河北	北京	天津	河北
2011	499.951	536.095	339.005	29.455	33.142	16.528
2012	470.788	451.755	296.690	28.455	30.337	14.494
2013	438.480	390.910	257.630	26.432	25.941	12.397
2014	465.513	348.760	252.186	27.357	22.878	12.116
2015	467.191	327.496	240.985	26.608	21.445	11.360
2016	482.048	302.585	232.300	27.222	20.103	10.860
2017	522.896	382.741	269.394	29.279	25.799	12.489
2018	495.276	274.075	219.133	27.427	18.950	9.975

农业主要污染物除了 COD、氨氮之外，还有总氮和总磷（见表 7-6）。

表 7-6　2005—2018 年京津冀农业主要污染物排放强度

单位：吨/亿元

年份	农用总氮排放强度			农用总磷施用量		
	北京	天津	河北	北京	天津	河北
2005	22.911	31.802	36.528	0.084	0.243	0.274
2006	19.952	30.686	17.500	0.073	0.237	0.131
2007	16.663	28.867	29.917	0.061	0.229	0.221
2008	14.607	25.328	23.304	0.050	0.195	0.174
2009	13.327	23.726	21.214	0.041	0.183	0.157
2010	11.961	18.741	16.568	0.037	0.148	0.123
2011	11.124	16.942	14.678	0.035	0.139	0.109

续表

年份	农用总氮排放强度			农用总磷施用量		
	北京	天津	河北	北京	天津	河北
2012	10.448	15.138	13.100	0.031	0.131	0.096
2013	9.255	13.787	11.598	0.026	0.112	0.086
2014	9.306	12.282	11.664	0.029	0.097	0.087
2015	8.477	11.231	11.488	0.025	0.086	0.086
2016	8.100	9.847	11.204	0.022	0.076	0.084
2017	7.825	9.631	12.974	0.025	0.080	0.097
2018	7.373	7.425	11.099	0.022	0.058	0.084

2. 工业污染

工业污染主要包含工业废水以及废水中的污染物 COD、氨氮。京津冀的工业污染物排放强度总体都呈下降的趋势，其中河北的下降幅度最大（见表 7-7）。

表 7-7   2005—2018 年京津冀工业主要污染物排放强度

年份	废水排放总量（万吨/亿元）			COD（吨/亿元）			氨氮（吨/亿元）		
	北京	天津	河北	北京	天津	河北	北京	天津	河北
2005	7.506	15.958	26.472	6.444	31.299	82.691	0.586	3.183	7.653
2006	5.582	10.022	23.759	5.081	16.083	65.290	0.355	1.754	5.789
2007	4.385	8.056	18.961	3.169	11.533	50.389	0.336	1.540	3.622
2008	3.925	5.977	15.355	2.299	8.131	31.515	0.188	0.994	2.205
2009	3.783	5.367	13.785	2.127	6.479	28.853	0.197	0.805	2.160
2010	2.966	4.462	11.956	1.766	5.037	22.814	0.142	0.725	1.908
2011	2.771	3.562	9.980	2.285	4.371	16.339	0.139	0.585	1.494
2012	2.718	3.043	9.703	1.853	4.223	15.173	0.104	0.524	1.252
2013	2.591	2.723	8.232	1.654	3.819	13.069	0.090	0.486	1.069
2014	2.377	2.614	8.042	1.568	3.888	12.461	0.085	0.510	0.934
2015	2.344	2.636	7.349	1.237	3.899	10.662	0.080	0.486	0.701
2016	2.115	2.648	4.396	0.591	1.612	8.146	0.028	0.165	0.831
2017	1.987	2.638	2.454	0.522	1.317	3.854	0.023	0.090	0.398
2018	1.844	2.316	1.851	0.220	0.723	3.245	0.004	0.030	0.347

3. 城镇生活

京津冀三个地区城镇生活污染物的废水排放强度在 2005 年相差还不是很大，但北京和天津在 2005—2018 年快速下降，河北虽然总体呈下降趋势，但是速度并不快（见表 7-8）。

表 7-8　2005—2018 年京津冀城镇生活主要污染物排放强度

年份	废水排放总量（万吨/亿元）			COD（吨/亿元）			氨氮（吨/亿元）		
	北京	天津	河北	北京	天津	河北	北京	天津	河北
2005	18.169	19.738	25.143	2.163	56.712	81.125	2.678	8.474	9.879
2006	16.244	20.489	23.598	1.723	60.538	84.639	2.124	6.276	9.267
2007	13.637	15.770	21.600	13.806	47.377	73.706	1.617	4.800	8.020
2008	12.523	14.133	21.517	11.497	36.478	67.494	1.361	3.776	7.297
2009	14.391	11.807	22.235	10.230	32.157	55.979	1.373	2.672	6.246
2010	12.095	11.446	20.819	8.216	25.904	46.057	1.104	3.916	5.096
2011	7.778	8.994	18.801	7.778	18.325	28.926	1.218	3.255	5.890
2012	6.764	10.415	19.445	6.764	14.489	24.551	1.044	2.641	5.252
2013	5.696	9.293	19.493	5.696	12.049	22.629	0.899	2.224	4.770
2014	4.801	8.931	18.300	4.801	10.221	20.208	0.799	1.963	4.341
2015	4.204	8.489	18.000	4.204	8.944	19.679	0.612	1.743	4.063
2016	7.656	7.273	17.659	3.103	7.668	17.648	0.249	1.428	2.699
2017	5.517	6.729	12.507	3.116	6.634	22.586	0.247	1.245	3.287
2018	5.132	6.028	13.518	1.809	4.631	21.306	0.100	0.973	2.437

根据京津冀污染物排放趋势可以发现，其废水排放总量强度以及其他标志物的排放强度都有所缓解，但是排放总体规模还是超过水体自然承载力。因此，可以考虑通过技术手段（主要是提高节水率、技术减排率）和经济调控手段（GDP 的变动）提升京津冀的减排潜力，削减污染物排放强度。因此，本书设置七种政策情景以反映不同减排可能，并逐一分析其污染物减排强度。通过考虑技术改进（主要是提高节水率、技术减排率）来提升减排潜力的情景，其中，S0 为基础情景（根据 2018 年现状，不考虑节水率及技术减排率提升的情况）。综合考虑生活、农业、工业节水技术及京津冀三地区域差异，进行如下设置：

（1）S1 为农业节水率变动的情景。北京的农业节水率最高，主要原因是其农业用地不断减少，但其现代化农业节水灌溉技术如微灌和喷灌的应用并不是很高，并且近年来农业用地面积下降的趋势也已经维持住。天津和河北的农业节水率相差不大，最主要的原因是京津冀地区的农业节水灌溉工程仍是以传统的低压管灌技术为主，喷灌和微灌等现代化的灌溉技术占节水灌溉工程面积的比重不到三成。与地面灌溉相比，喷灌一般可省水 30%~50%；微灌技术虽然现在还不如喷灌技术成熟，但是其节水效果更加显著，一般比地面灌溉节水 75% 左右，比喷灌节水 30% 左右。河北作为农业大省，其农业用水量巨大带来的压力也是最大的，因此，设置农业节水率变动的情景时，河北和天津均为 10%，北京为 5%。

（2）S2 为工业节水率变动的情景。工业节水主要体现在产业结构调整，对高耗水行业（钢铁、石化、造纸等）进行降能，以水定产。其中，河北的高耗水行业占工业总用水量的比重最高，其工业节水率最低，节水潜力最高；天津的工业用水量是上升的趋势，天津经过第二轮工业调整，工业用水量的上升与工业产值结构关系不大，最主要是受工业总产值和用水效率的影响；北京已基本完成工业化，产业结构在向第三产业倾斜，在水资源压力下，未来北京的产业必将进一步调整，工业企业用水限制会越来越严。因此，设置情景时，要综合考虑，北京的节水增长率最高，为 10%；河北次之，为 8%；天津最低，为 5%。

（3）S3 为考虑生活节水率变动的情景。京津冀地区的生活用水量都是呈上升的趋势，其根本原因是人口的不断增长，尤其是北京常住人口的不断增长。生活用水中存在浪费现象的主要原因是，公共生活用水行业因其不盈利，人们对水价不敏感，用水管理也较为松散。对生活用水节水最有效的技术对策是节水器具的推行，节水器具的节水效率在 10% 左右，同时节水率的提高要考虑到河北和北京的人口密度问题。因此，设置情景时，北京和河北生活节水的节水效率应稍落后于天津，均为 8%，天津最高，为 10%。

（4）S4 为工业废水技术减排率变动的情景。河北是以重化工业为主的工业结构，河北工业废水排放量前三位的行业分别为造纸、石油加工、食品。对于河北目前的状况而言，在改进技术的同时，还应该加紧对产业结构的调整，削减高耗水、高排放产业企业的产能。相对于产业结构的调整，技术效应对天津废水排放水平起到主要影响。在新技术和新工业应用与废水处理的过程中，污染物的去除效率提高，废水达标率也会提高。影响北京工业废水减排最主要的因素也是技术进步因素。2005—2015 年，北京工业技术进步因素的贡献率为 87.95%。设置情景时，河北的工业相较于北京和天津还处于落后地位，其减排潜力也是最高的，在技术进步和产业结构调整的双重作用下，技术减排率的提升速度在 10% 左右；天津和北京在技术进步的主要作用下，技术减排率的提升速度在 7% 左右。

（5）S5 为生活污水技术减排率变动的情景。北京是京津冀地区唯一生活污水排放量下降的地区，北京的排污管网主脉络已全部贯通，但是一些老旧小区、村镇接入管网困难，还是达不到污水处理全市覆盖，因此，虽然其目前的生活污水减排效果较好，但是其未来的潜力受此制约并不高。降低河北农村生活污水量是降低生活污水的有效途径，但农村生活污水处理技术还不普及，农村资金也较薄弱，可以采用集中处理技术和分散式处理技术，以降低生活污水的排放量。天津农村生活污水也面临与河北省相似的情况，如果农村生活污水的处理能够得到有效解决，其生活污水的排放量会减少很多。因此，设置情景时，北京的减排增加率为 5%，天津和河北的均为 10%。

表 7-9 为考虑经济调控的情景（规划期为未来五年），其中，情景 S6 表示在节水率及技术减排率提高 10% 的情况下，保持现有的经济增速及经济结构；情景 S7 表示在节水率及技术减排率提高 10% 的情况下，GDP 减慢增速，并且 GDP 减少 10%。

表 7-9 京津冀生产总值的情景设置

单位：%

情景设置	农业总产值			工业总产值			第三产业总产值		
	北京	天津	河北	北京	天津	河北	北京	天津	河北
S6	5.44	9.34	11.72	8.42	14.34	10.53	14.55	18.97	13.66
S7	5.19	8.91	11.20	8.04	13.69	10.06	13.90	18.12	13.04

三、结果分析

1. COD 减排强度和潜力

图 7-15 显示 COD 主要来源于工业废水，主要污染物 COD 和氨氮的减排与

工业废水的减排途径类似，都是通过技术改进和产业结构的调整，且 COD 和氨氮排放量大的企业其废水排放量也很高（如造纸业），因此，设置 COD 和氨氮的减排提升速度时与工业废水相同（S4：工业 COD 技术减排率的变动情景）。其中，生活 COD 的削减主要是靠废水处理厂的处理，氨氮主要通过集硝化—反硝化于一体的生化处理工艺，与污水减排的情况类似。北京的污水处理厂和处理工艺已基本完善，只差最后也是最难解决的部分，天津和河北的污水处理厂和先进的处理工艺在大部分农村还未普及，具有较大潜力，并且天津和河北的氨氮排放量呈上升趋势。可以看出，农村氨氮排放的削减具有较大潜力，在设置情景时，COD 和氨氮的技术减排率变动率与废水技术减排率的变动率相同（S5：生活 COD 减排率的变动情景）。

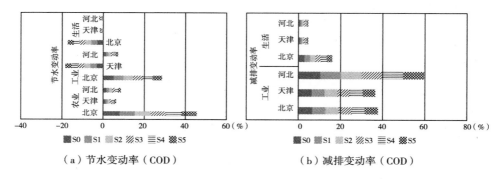

（a）节水变动率（COD）　　　　　（b）减排变动率（COD）

图 7-15　情景 S1~情景 S5 下京津冀的 COD 减排变化率

由表 7-10 可知，GDP 对 COD 排放强度影响较大，情景 S6、情景 S7 对应不同的 GDP 增速，情景 S7 考虑了减排对经济的负面影响，在合理控制 COD 减排总量的情况下，对五年后的 COD 排放强度进行合理预测发现，其相比于 2018 年会大幅下降。

表 7-10　情景 S6 和情景 S7 下京津冀的 COD 减排强度

单位：吨/亿元

情景	COD 排放强度					
	工业			生活		
	北京	天津	河北	北京	天津	河北
S6	0.11	0.19	1.29	2.80	2.38	17.83

情景	COD 排放强度					
	工业			生活		
	北京	天津	河北	北京	天津	河北
S7	0.12	0.21	1.32	2.92	2.52	18.51

2. 氨氮减排强度和潜力

由表 7-11 可知，GDP 对氨氮排放强度影响较大，情景 S6、情景 S7 对应不同的 GDP 增速，情景 S7 考虑了减排对经济的负面影响，在合理控制氨氮减排总量的情况下，对五年后的氨氮排放强度进行合理预测发现，其相比于 2018 年会大幅下降。

表 7-11　情景 S6 和情景 S7 下京津冀的氨氮减排强度

单位：吨/亿元

情景	工业			生活		
	北京	天津	河北	北京	天津	河北
S6	0.0036	0.0255	0.2195	0.3795	1.2822	5.2493
S7	0.0038	0.0269	0.2310	0.3995	1.3491	5.5200

用初始情景和考虑节水率变动和技术减排率变动情景下得出的排放强度，与 2018 年做比较，再以此差值与 2018 年污染物排放强度相比得出该地区的减排潜力。表 7-12 显示农业主要污染物排放强度。以初始情景和 2018 年相比，如果京津冀地区可以继续保持年均节水率与 GDP 增速的话，其农业污染源减排强度减少的比率以北京最高，河北次之，天津最低，其最主要的原因是北京在 2005—2018 年农业用地大量减少，再考虑节水率的变动后，因其成本会导致 GDP 的减少，也会间接增加污染物的强度。考虑节水率和 GDP 变动的情况下，北京和河北的污水排放强度仍然低于初始情景，结果符合预期。先进的农业节水技术是北京今后减少农业污染的主要发展方向，而河北作为农业大省，其农业污水的减排任务也是重中之重，河北应该重视农业灌溉方面的节水技术，以此作为农业污染物减排的契机。

·173·

表 7-13 显示了工业废水及主要污染物的排放强度。在初始情景中，五年后工业废水的减排下降率最高的是北京，天津次之，河北最后。工业减排不可避免的是对当地 GDP 的冲击，尤其是天津和河北，其中天津即将转型完成，而河北的工业化还处于发展时期，在减排的技术成本和产业结构约束下，应该找到水环境和本地经济发展的平衡点。

表 7-12　京津冀农业主要污染物排放强度情景结果

单位：吨/亿元

情景设置	COD			氨氮			总氮			总磷		
	北京	天津	河北	北京	天津	河北	北京	天津	河北	北京	天津	河北
2018 年	495.276	274.075	219.133	27.427	18.950	9.975	7.373	7.425	11.099	0.022	0.058	0.084
S6	350.880	222.053	51.271	19.984	14.541	2.417	6.367	7.615	2.444	0.019	0.058	0.018
S7	362.611	235.652	51.952	20.652	15.431	2.449	6.580	8.081	2.477	0.019	0.062	0.019

表 7-13　京津冀工业主要污染物排放强度情景结果

情景设置	污水（万吨/亿元）			COD（吨/亿元）			氨氮（吨/亿元）		
	北京	天津	河北	北京	天津	河北	北京	天津	河北
2018 年	1.84	2.32	1.85	0.22	0.72	3.24	0.01	0.03	0.35
S6	1.13	1.21	5.07	0.11	0.19	1.29	0.04	0.03	0.22
S7	1.19	1.31	5.19	0.12	0.21	1.32	0.04	0.03	0.23

表 7-14 显示了生活污水及主要污染物的排放强度。随着北京的人口政策调整，近年来的人口密度有些许下降，但是以第三产业为主的北京，其生活用水对北京的水资源还是造成了相当大的压力，而河北作为人口大省，其压力也不言而喻。随着生活用水的比例不断提升，生活用水的节水和生活污水的减排工作应当被给予重视。生活氨氮总排放量应加强控制，近年来其排放强度有提高趋势。

表 7-14　京津冀生活主要污染物排放强度情景结果

情景设置	污水（万吨/亿元）			COD（吨/亿元）			氨氮（吨/亿元）		
	北京	天津	河北	北京	天津	河北	北京	天津	河北
2018 年	5.13	6.03	13.52	1.81	4.63	21.31	0.10	0.97	2.44

续表

情景设置	污水（万吨/亿元）			COD（吨/亿元）			氨氮（吨/亿元）		
	北京	天津	河北	北京	天津	河北	北京	天津	河北
S6	2.31	4.04	10.76	2.80	2.38	17.83	0.38	1.28	5.25
S7	2.40	4.28	11.17	2.92	2.52	18.51	0.40	1.35	5.53

四、结论

在考虑减少京津冀污染物排放强度时，不能忽视减排对产值的影响，仅考虑在量上的削减，可能并不能达到预期的效果。从京津冀经济发展与水污染排放现状来看，随着我国经济快速发展，2005—2018 年京津冀 GDP 逐年稳定增长，其中工业产值、第三产业产值稳步增长，农业总产值近年来有小幅下降，废水排放量持续减少，COD 和氨氮排放量均在波动中下降。

分析京津冀水污染排放强度可见，2005—2018 年，京津冀三地废水、COD 和氨氮排放强度呈稳定降低的趋势。从工业、生活废水排放强度来看，河北最高，其次是天津，北京最低；从工业、生活 COD 和氨氮的排放强度来看，仍旧是河北最高，其次为天津，北京最低；与之相反，农业 COD 和氨氮排放强度北京最高，其次为天津，河北最低；农业面源总氮、总磷排放强度河北最高，其次为天津，北京最低。

生活水污染总量增加与人口总量及人们的生活方式密切相关，控制人口增长对生活水污染减排作用尤其明显，近年来北京生活污水排放总量增加明显。值得注意的是，京津冀生活废水排放强度高于工业废水排放强度，要合理化产业布局，尤其是天津、河北第三产业发展潜力巨大，降低生活废水排放强度仍有很大空间。农业 COD 和氮磷排放强度河北最低，河北作为农业大省，农业总产值占有绝对优势，但忽视农业面源污染防治的状况较为严重。

京津冀水污染排放强度存在一定的区域差异，随着京津冀三地水污染排放强度逐渐降低，减排潜力逐渐减弱，从行政分区来看，河北减排潜力最大，天津次之，北京最小。根据情景模拟设置，考虑了大力度治理污染势必会对经济发展造成一定的影响，因此，考虑污染物减排时应该结合当地的经济发展现状，有针对性地执行减排目标，才能最大限度地发挥本地区的减排潜力。例如，北京最大的污染源来自生活，人口的集聚更是让这一现象加重，控制人口及节水器具的推广是有效的节水及减排途径；天津工业比重较大，加快其产业转型升级对减排最有效；对于农业大省河北而言，由于其灌溉效率较低，适当通过政府支持和引导提高灌溉技术，并宣传绿色的农业发展方式，再考虑分配减排目标，更利于发挥区域减排潜力。

第八章 基于绿色发展的京津冀水资源环境协同治理机制

通过前文分析可以发现，京津冀地区人口、经济快速发展导致该区域水资源、环境异质性不断增强，通过建立人口绿色发展规划、加快产业优化转型、实现经济绿色增长可以提升京津冀绿色发展程度；同时，通过水资源优化配置、排放强度和总量的控制，可以在一定程度上缓解区域人水矛盾。然而，随着区域一体化推进，无论是人口、产业的绿色发展，还是水资源环境的治理，都需要高度关注协同治理的效果，加大力度采取一系列协同化的保护措施，才能更加有效地促进京津冀的社会经济与资源环境可持续发展。

第一节 协同治理框架与思路

一、挑战及问题

目前，京津冀协同发展过程中，三地产业定位与产业分工日益明晰，在产业转移承接的同时，功能疏解带动人口疏解，地区之间产业融合水平逐步提高，区域产业协同发展成效显著。与此同时，由于三地间社会经济、自然环境异质性大，人口过度集中、产业同构严重和梯度差距过大的问题仍难以在短时期内解决。在人口、产业结构调整过程中，产业的规模化、集成化在一定程度上可以整体提高区域生产效率，但是也会带来水资源环境的局部负外部效应增强，特别是对于欠发达地区，人口、产业转移承接带来的不公平性，将不利于京津冀的可持续发展。另外，区域间水资源需求差异性扩大、水环境污染局部加剧、供水能力不足、治理能力受限、水资源总体配置效率不高、绿色发展驱动不足等问题将是需要面临的新挑战。

在京津冀一体化推动下，三地协同发展的格局及制度框架已基本建立，但是仍需解决好以下多方面的问题。

（1）人口问题是京津冀协同发展主要影响因素之一。京津冀人口空间分布不均，高度集中在核心区域。近年来，核心区域实行疏解功能政策，有效地缓解了人口过度集中在特大中心城市的问题，通过产业转移和升级、卫星城及积极培育"五线"城市，以政引人、以新定位吸引高端人才，人口增速得到控制的同时也带来其他问题。例如，人口疏解政策导致年轻劳动力从核心区域流出，核心区域老龄化加剧，城市活力不足；高素质人才流出导致城市创新力不足，影响城市经济发展与竞争力。与此同时，中心城市人口疏解虽然能局部降低区域耗水排废强度，但是京津冀耗水排废规模很难通过城市功能疏解政策得以控制，其本质问题还是人口发展绿色程度较低。绿色发展的重点问题在于解决好人口与水资源环境的矛盾，其涉及人口的过程（包括成长、教育、就业、消费等）以及人口的结构（包括年龄结构、社会分层、分布、贫困等问题）。目前，京津冀人口绿色发展存在的问题和挑战包括以下四个方面：

第一，人口惯性增长强劲导致水资源环境压力在短期内难以从本质上得以缓解。京津冀地区人口基数较大，虽近年来人口增速有所放慢，但惯性增长趋势依旧明显，人口规模及增长是造成水资源环境压力的主要因素。要保证1亿多人的高质量用水，对于水资源量仅占全国水平1/9的京津冀而言，压力巨大，水资源环境的脆弱性将在人口惯性增长影响下日益明显。

第二，人口流动不均导致京津冀水资源消耗及污染排放强度异质性大。由于政策和经济发展不均衡，京津冀人口明显呈现向大城市聚集的趋势，导致核心区域水资源及排污强度提高，而核心区域供水能力及污水处理能力无法跟上城市化进程。

第三，绿色人力资源不足及就业结构不合理成为京津冀绿色发展的瓶颈。绿色人力资源包括两个方面内容，一方面是指从事绿色行业的专业人才，另一方面是指虽然不直接从事绿色行业，但是具有绿色意识，能够在其他行业中发挥资源节约、环境保护的管理、技术、外交、法律等方面作用的人才。目前，京津冀绿色人力资源存在巨大缺口，且结构也不合理。例如，从事绿色能源工作的专业人才缺口巨大，这与京津冀发展方向不相匹配，导致相关绿色产业无法健康发展。

第四，高消费模式兴起制约生活方式的绿色转型。拉动经济高速发展的主要动力是拉动内需，政府为刺激需求，普遍采取鼓励政策，企业也为追求利润最大化不断推出消费升级，但高消费模式导致高消耗、高污染问题，奢侈性消费往往少考虑资源、环境问题，导致消费与生态系统不匹配。

（2）产业协同发展作为京津冀协调发展的重要抓手，不仅是国家战略的必然要求，还是落实区域高质量发展的重要举措，但目前京津冀仍存在产业结构趋同严重、产业梯度差距过大等问题，这将导致水资源的重复及过度利用，诱发用水危机。具体地，天津与河北的产业相似度逐年增长，2019年则高达90%（余东华、张昆，2020）。同时，2016年各次产业区位商的计算结果表明，京津冀三省市的产业梯度差距较大（王得新，2016）。这不仅会造成无序竞争，还易导致水资源浪费。在产业承接转移过程中，部分地区注重转移却忽略升级，导致产业转移与污染转移同步，加剧了区域环境治理的负外部性。

（3）水资源问题是制约京津冀发展的核心生态性因素。由于京津冀水资源承载能力已经超过警戒线，因此，"以水定城""以水定人"已成为京津冀水资源发展的关键。目前，京津冀核心区域生活供水风险较大，南水北调虽然能解决一定的问题，但是其供水能力受限，因此，还应进一步提高水资源利用效率，以及加强对再生水的运用。由于京津冀经济发展模式和资源型缺水特质，导致第一、第二、第三产业对于水的依赖程度较高，因此，优化水资源配置对产业节水有重大作用。此外，由于水资源的外部性，应合理考虑水资源补偿机制，合理运用市场这一只"看不见的手"，有效促进水资源的利用。

（4）京津冀水污染严重加剧了水资源危机，地下水超采严重影响了水安全。

水质安全、水量安全、水处理工艺安全、城市供水管网不完善及监管体制不健全等一系列问题，使得加快治理水污染已经成为促使京津冀协同发展的关键一步。因此，应构建京津冀水污染控制联动机制与统筹协同机制，以控制排废强度、规模为双控目标，兼顾水污染监测防治、水态保护与修复以及水污染排放，统筹安排，制定统一标准与规范，并构建水生态补偿机制，以预防为主、治理为辅，重视监测控制，增强人的防污意识和水资源保护意识。

（5）绿色驱动不足是影响京津冀人水关系改善的重要原因。目前，京津冀绿色发展总体程度不高，人口、产业发展模式比较粗放，导致水资源利用效率低下，且污染排放超标。因此，需要根据习近平总书记提出的生态文明建设提出新要求，探索以生态优先、绿色发展为导向的高质量发展新路子。然而，从目前来看，企业及个人绿色发展驱动不足，主要是因为相关标准及制度还不尽完善，对资源环境外部性及补偿还未落实，技术和信息的推广及公共服务还不强，绿色发展模式并未得到真正的效益驱动。因此，目前发展绿色产业最需要解决的还是法律法规、体制机制和政策问题，解决好这些问题，将会助力于形成绿色发展的内在动力。另外，在绿色生活方面，潜力仍然巨大，还需要我们通过完善制度和政策来大力引导与开拓。

（6）协同跨区域治理框架下，如何提高治理机制效率是亟待解决的问题。目前，京津冀水资源环境实行协同治理，三地共同处理复杂的人水关系，通过共同行动、耦合结构和资源效率提高，从根本上弥补政府、市场和社会单一治理的局限性。然而，目前跨区域协同治理框架下，社会经济—生态环境系统是一个极其复杂的系统，充满动态性和多样性，要采取多元化协同模式来提高其治理效率。在协同治理框架下，应注重政策与目标的一致性、相关措施的有效性、信息沟通的对称性、各级部门组织间的协调性，并充分考虑治理的实效，才能有效提高治理效率。

二、治理框架及思路

本部分构建基于绿色发展的京津冀水资源环境协同治理框架（见图8-1）。综合考虑各地特征，结合三地功能定位，引入绿色发展理论，协调人口与经济发

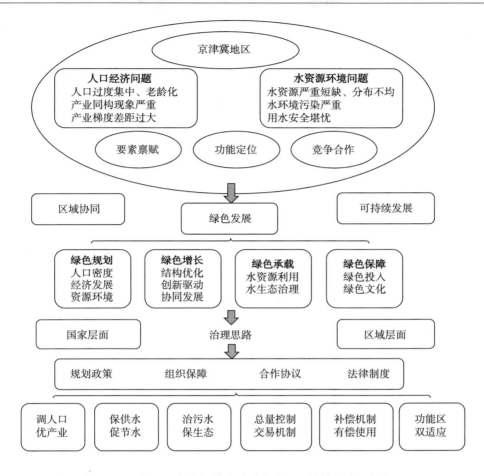

图 8-1 基于绿色发展的京津冀水资源环境协同治理框架

展目标，通过绿色规划、绿色增长、绿色保障调整京津冀地区人水矛盾；采用跨
区域治理视角，加强水资源环境承载力，提高水资源利用配置及利用效率，协同
治理、共同发力，实现京津冀人水可持续发展。在此框架中，注重跨区域协同治
理效率，从国家层面做到建立与水资源治理相关的法律法规，加强京津冀三地协
同监督；从区域层面健全相关法令条例，积极贯彻实施京津冀协同发展战略，合
理规划人口发展，全面优化产业结构，提升水资源配置效率、污水处理效率，提
高全民节水意识，从而使人口、产业与水资源环境协调、高效发展。采用多元主
体及治理模式，通过规划政策、组织保障、合作协议、法律制度来保障三地之间

的水资源环境治理效率；在人口、产业协同化发展的基础之上，提高水资源配置效率，节约和循环利用水资源，始终秉承节水优先；采取双交易的水交换机制，保证用水需求，实现高价值；采用双有偿使用，即向水资源开发利用者或水资源使用者收取一定费用，促进节约用水和水资源循环利用；重视城市功能与水功能区协调发展，坚持绿色发展机制，人口产业协调调整的总优化路径。努力做到人口发展规划合理，产业结构全面优化，污水处理得当，水资源饮用安全，全民节水意识增强，水资源受到有效保护，水使用率得到提高，从而在人口与产业的基础之上，实现区域水资源环境可持续发展。

第二节　基于城市功能定位与水功能适应的京津冀人水关系管理

　　京津冀地区是国家重要发展战略区，是重要的生态文明建设区以及生态环境治理区。京津冀地区不同区域城市功能具有差异性，面临的环境压力和应对能力也存在异质性。目前，城市功能定位主要是按照行政区划来进行，其主要考虑人口发展、社会经济、治理水平等；而水功能区则是按照流域来划分，其主要考虑自然条件，但也受到人为影响。由于两种功能区划分方式及影响因素有所不同，因此，呈现出人口、经济与水资源环境承载力不匹配的现象。根据京津冀顶层设计，京津冀各城市的主要功能定位如表8-1所示。

表 8-1　京津冀各城市功能定位

地区	京津冀城市功能定位
北京	全国政治中心、文化中心、国际交往中心、科技创新中心
天津	全国先进制造研发基地、北方国际航运核心区、金融创新运营示范区、改革开放先行区
廊坊	创新型城市、京津冀地区全面创新改革试验区、北京新机场国际门户重点功能区
保定	国家历史文化名城、国家重要的新能源和先进制造业基地、非首都功能疏解和京津产业转移重要承接地

地区	京津冀城市功能定位
沧州	环渤海地区重要港口城市、国家重要的化工和能源保障基地、冀中南地区及纵深腹地重要出海口
承德	国际旅游城市、京津绿色农副产品保障基地、钒钛产业升级示范区
张家口	国际奥运名城、休闲旅游区、京津绿色农副产品保障基地、新能源产业基地
唐山	东北亚地区经济合作的窗口城市、环渤海地区新型工业化基地
秦皇岛	环渤海地区重要港口城市、国际滨海休闲度假之都、国际健康城
石家庄	全国战略性新兴产业和先进制造业基地、国家级综合交通枢纽和商贸物流中心
邢台	冀中南物流枢纽城市、国家新能源产业基地、新型城镇化与城乡统筹试验区、京津冀地区南部生态环境支撑区
衡水	生态宜居城市、冀中南综合物流枢纽、安全食品和优质产品保障基地
邯郸	国家历史文化名城、全国先进制造业基地、晋冀鲁豫四省交界的综合交通枢纽

　　水功能区主要是根据区域水域的自然属性，结合经济社会需求来进行划分，其划分的目的是协调水资源的开发利用、整体和局部，从而实现水资源的可持续发展。由于城市功能分区和水功能区划分依据有一定差异，因此为协调两者的关系，京津冀地区采用水资源管理分区的方式，从考虑时间上的连续性、空间上的差异性，实现区域管理对策的差别化。在进行水资源管理分区的时候，主要考虑以下因素：①地下水超采程度；②水环境质量优劣；③未来水资源条件；④未来生态用水保障难易程度；⑤未来环境容量超载程度。以水资源管理分区指标取值区间中的三等分点数值为判据，将京津冀所有地区划分为水资源管理一级控制区、二级控制区和三级控制区。目前，京津冀城市群中，一、二、三级控制区占比分别为30%、47%和23%，如图8-2所示。在管理过程中，发现目前水资源环境存在以下问题：①城市功能区人口、经济发展过快，而水功能区地表水无法满足其需水量增长，导致地下水超采严重；②部分城市功能分区产能过程，污染排放规模及强度大，而水功能区环境承载力有效，导致水环境质量恶化；③受到气候变化影响及持续的人类开发利用，水资源的承载能力和潜力有所下降，城市化程度及工业化程度将加剧未来环境容量超载程度。

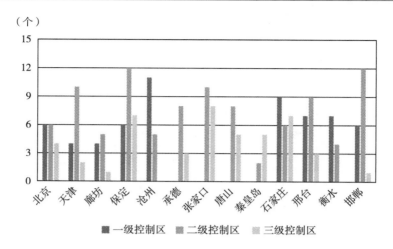

（个）

图 8-2　京津冀各城市不同等级水资源管理控制区分布

　　针对京津冀城市功能区与水功能区定位不协调的问题，需要从顶层设计上，统筹协调两者关系，综合考虑自然、经济、社会、人口发展等问题，构建适合区域功能定位与水功能区定位的人水关系。在京津冀发展过程中，由于城市功能定位是基于政策调整和社会发展状况所设定的，而水功能区定位则是基于自然条件和人为影响所规划的，两者不相协调，导致"大城市病"加剧、水资源危机严重。因此，本部分构建基于城市功能与水功能定位的人水关系优化关系框架（见图 8-3）。首先，从社会经济发展层面，根据京津冀一体化战略细化城市功能，特别关注人口规模结构和产业布局发展；其次，从自然条件和人为干扰方法上调整水功能区定位，并分析不同地区的水资源环境承载力。在此基础上，对比剖析城市功能定位与水功能分区的不匹配性与影响因素，根据存在的问题，有针对性地对城市功能定位和水功能区定位进行调整，从而增强人水的适应性，并在一定程度上关注减少资源环境压力可能带来的城市活力下降及提高资源环境成长力过程中可能会带来的决策风险，实现京津冀人水和谐发展。

　　为扭转京津冀地区长期以来水系严重失衡的状况，需要确立一个整体的区域水资源环境保护战略目标，建立水资源环境战略性保护总体方案，分区分级设定水体中常规污染物达标要求和进度安排。具体方案如下：首先，2022 年，在

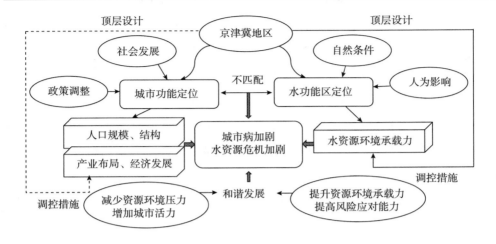

图 8-3 基于城市功能与水功能定位的人水关系优化

相比于现状水质不恶化的前提下，要对京津冀地区所有的一级控制区，特别是沧州和石家庄，实行用水总量控制、地下水用量控制、河道生态水量和环境质量改善、容量使用控制和总量削减、畜禽禁限养等最严格的措施，目标是要实现河流内的 COD 和氨氮浓度低于 45 毫克/升和 3 毫克/升；其次，对京津冀地区所有的二级控制区，特别是保定、邯郸，实行用水总量控制、地下水用量控制、河道生态水量和环境质量改善、容量使用控制和总量削减、畜禽禁限养等次严格的措施，目标要实现 COD 达标和氨氮浓度低于 2.5 毫克/升；最后，对京津冀地区所有的三级控制区，特别是张家口、邯郸，实行用水总量控制、地下水用量控制、河道生态水量和环境质量改善、容量使用控制和总量削减、畜禽禁限养等再次严格的措施，目标要实现河流水质 COD 和氨氮达标。

此外，所有控制区对河道生态水量要采用相同原则下各区同等严格的制度，对非常规污染管控要在京津一级控制区优先落实；关于资环效率提高，各区要采用相同原则确定提升要求，像北京、天津等经济技术基础好、需求紧迫的流域，可以对碳氮磷协同高效减排和功能区达标率先试点。到 2025 年，一级、二级和三级控制区必须分别将 COD 入河量控制在环境容量的 1.2 倍、1 倍以及 1 倍以内，氨氮入河量分别控制在环境容量的 1.5 倍、1.2 倍和 1.0 倍以内；到 2035

年，全区域严格按照 COD、氨氮入河量低于环境容量执行。着手对石化、造纸等重点行业长期发展和污水厂尾水长期补给地表水水体所带来的非常规污染风险开展管控，在京津先行先试。在实现水体质量达标的基础上，实现底泥质量达标；在实现常规理化指标达标的基础上，逐步实现水生态系统安全健康。

基于京津冀各城市功能定位，推进三地协同发展，并根据各自水资源环境先天禀赋来进行调整。首先，要以京津冀城市功能为载体，迅速识别人口、产业发展过程中带来的动力和压力，以水资源为约束要素来统筹优化人口、产业格局；其次，要以建立长效机制为抓手，破解区域协调发展存在的障碍，考虑区域资源环境要素间的替代性及弹性，优势互补，实现区域间共利共赢，并将区域水资源交易机制、水环境生态补偿机制考虑到区域间人水关系优化当中来；再次，在优化人口、产业与水资源环境时，应注意考虑顶层设计，并在联动上加大力度，争取做到互补共赢、良性互动；最后，要从人口、产业方面来进行优化调整，优化产业升级，加快三地产业的互动，形成合理的产业布局。根据水功能分区、城市功能分区，还要进一步调整人口、产业发展结构，并提升环境容量空间，节约水资源，保护湿地和环境，从而使水功能区的承载能力得以稳固提升。

第三节　考虑人口、产业绿色发展的京津冀水资源环境多元治理模式

目前，京津冀地区人口经济发展现状与水资源环境承载力矛盾重重。一方面，京津冀地区由于水资源供需矛盾导致了水资源危机。在京津冀一体化过程中，产业转移承接，人口区域间流动，导致水资源需求发生改变，需求规模进一步扩大，其中北京、天津由于人口虹吸效应，生活需水量在不断增加，而河北由于承接了大量工业企业，工业需水量随之增加。河北作为北京最邻近的供水地区，本身水资源禀赋不高，水资源有限，因而也难以满足北京地区的需水状况，水资源分布不均使得区域水资源承载力不断降低。另一方面，排污情况的不断恶

化更是加重了环境污染。在京津冀一体化过程中，人口转移导致了生活污水的增加，产业转移造成了工业废水的增多，加之产业用水效率低下、污水处理率不高，污染的加剧导致了可用水源萎缩，环境恶化严重。另外，气候变化和极端天气频繁导致供水灾害风险加剧。由于京津冀发展过程中管理能力、城市建设、技术设施相对差异性较大，因此也容易导致洪水及城市涝水的产生，造成京津冀供水能力蓄力不足。多水共治引发了管理的复杂性，如合作层级低、缺乏顶层设计，合作领域少、缺乏多元合作等问题，因而需要采用更有效的框架和手段来提升管理效力。本部分构建了多元治理模式下水资源环境可持续利用的总体框架，如图 8-4 所示。

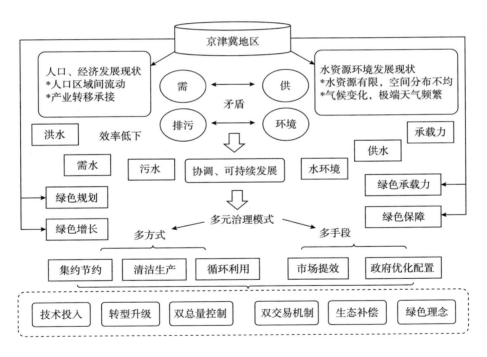

图 8-4 多元治理模式下水资源环境可持续利用的总体框架

一、绿色发展模式下的社会经济规划

由于绿色发展规划不到位，京津冀整体绿色发展程度较低，从而导致了水资源危机。为了缓解京津冀水资源面临的问题，需要从绿色规划、绿色增长、绿色承载力和绿色保障四个方面提升城市整体的绿色发展程度，从而实现经济和环境协调一致发展。具体措施包括：第一，建立长期绿色规划。国家颁布政策需要贯穿绿色发展理念，如增加绿色人口、合理控制人口密度，重视形成绿色经济发展人才的培养和使用机制。发展绿色人口有利于推进绿色经济的发展，节约资源，减少污染。与此同时，应为京津冀绿色经济发展规划建立绿色统计和评价机制，最终实现经济发展与资源环境保护协调一致。第二，实现经济绿色增长。注重构建绿色产业体系，做好协同化下的产业结构绿色转型，着力发展清洁生产发展方式和低碳循环经济，增强绿色产业的竞争优势，全面提升绿色产品供给和消费水平，以绿色创新推动经济的增长。第三，提高绿色承载力。水资源承载力分为总量性和结构性承载力，水环境承载力分为总量和强度承载力。目前，由于京津冀水功能分区和城市功能分区不能完全对应，因此水资源环境承载力与人口、产业发展不仅存在总量不匹配的现象，还存在结构不合理、强度不适应的问题。要加强水功能区建设，以水资源总量和强度双控，实施"以水定城"和"以水定产"，并以水资源保护为重点，提高水资源利用效率，加强统一管理和科学调度。与此同时，重视水生态治理，推进水污染治理联防联控，坚持点源、面源和流动源综合防治策略，加快推进京津冀流域水生态文明建设，提高水资源和水环境的承载能力。第四，加强绿色保障。政府应该完善相关水资源保护法律法规，为绿色产业发展提供资金支持，并加大水资源污染治理投资。通过宣传、引导增强居民绿色环保意识，充分调动和发挥全民的积极性，使其形成主动节约水资源、践行绿色消费的行为模式；通过建立文明、健康的绿色生活运转体系，把全民纳入绿色水资源发展主体中，共同加大水资源保护力度，增强水资源承载力。

二、多水共治背景下的水资源可持续利用模式

要想实现水资源的可持续利用，京津冀必须采用"多水共治"模式，坚持做到：抓节水，建立节水型社会；减污水，推动清洁生产；保供水，强化水资源优化配置；防洪水，提升抵御洪涝灾害的能力。同时，还要采用节约、高效、循环的途径来促进京津冀地区水资源可持续发展。具体优化路径如下：第一，建立

节水型社会。这就要求通过先进技术等各种措施，推广节水技术，构建节水城市，调整用水方式，提高用水效率，建立产学研深度融合的节水技术创新体系，并提高节水核心关键技术的创新能力，以此来解决水资源供应不足的问题。同时，还要完善用水定额，推广节水器具。在农业方面，要推动节水灌溉工程，实行滴灌、喷灌等灌溉方式；在工业方面，淘汰落后的用水设备，使用先进的节水设备；在生活方面，实行"一户一表"和阶梯水价，鼓励居民节约用水。第二，推动清洁生产。在生产生活过程中，要大力推广清洁生产，优化产业结构，设置产业用水限额，合理管控水功能区。实行清洁工业、清洁农业、清洁渔业，采用先进的工艺技术，提高污水处理效率，减少污水排放；要着重保护水环境，减少水污染，实行严格的水污染管控制度，鼓励低能耗、高价值的新型现代产业发展。第三，走循环利用型用水道路。在生产、生活过程中，必须建立起水资源循环利用网络，强调水资源再利用，严格实施双交易机制和双总量控制，提升污水处理能力，循环利用于其他方面。坚持生活用水与产业用水相结合，循环利用水资源，实现污水零排放；建立新型的排水系统，减少水资源的消耗量，提高水利用率，共同推进水资源的循环利用。第四，提高抵御洪涝灾害的能力。要做好山地绿化，减缓山上降水下泄的时间，疏通沟渠河道，提高行洪泄洪的速度，兴修水利，监测水土流失，指导蓄滞洪区安全建设；城市防洪要建设防洪工程，进行河道整治，完善防洪排涝体系，提升防汛抢险技术等。

三、政府与市场共同作用下的多手段调控机制

合理的水资源调控、配置，需要政府和市场共同作用实现。从政府方面来看，要建立健全水资源保护制度，合理调水，促进节水、供水以及用水的技术改进。支持产业升级优化转型，减少高消耗、高污染项目的市场准入，鼓励用水效率高、节水设备先进的产业进入市场使其与当地水资源环境状况相协调。严格秉承"双总量控制"，有效控制污染物排放；完善生态补偿相关制度，加快实行大型调水工程，解决水资源紧缺地区的用水问题，改善水资源分配难的状况；政策的制定也要始终贯穿绿色发展理念。从市场方面来看，实现水资源的优化与调控要充分发挥价值规律的作用，首先制定合理的水价，然后通过市场机制实现水质

水量的"双交易",运用市场提高水资源的配置和利用效率,从而引导产业结构的调整和生产布局的优化。

第四节　协同治理机制

一、国内外经验借鉴

目前,国内外在水资源环境的保护和协同治理方面有大量的经验启示,为京津冀水资源环境协同治理提供实践依据。

1. 国际经验

（1）欧盟生态环境协同保护治理经验。

在环境协同保护方面,欧盟作为区域性组织,主要通过不断制定、改进环境法来实现协同保护生态环境。以共同法律为依据有利于环境保护的统一实施和监管,并有效提高环境协同保护的运行机制。

1973 年,欧盟就开始建立关于防治水污染的相关法律法规,截至目前,已经形成了较为成熟的水资源防护法律体系。如今,欧盟已经实现了从生活用水、生产用水以及水质保护到更加具体、更为广泛的水资源防护,并且通过制定水功能区以及水质标准和排污标准,进行了更加有效的水资源防护。

由于欧盟区域经济一体化的趋势增强,加剧了跨界河流的污染问题。为了解决这一问题,欧盟成员开始实施流域综合管理,设立统一的水质、排放以及监测标准。2000 年,欧盟颁布并实施了水框架指令（WFD）（纪良纲、许永,2016）,提出了水资源管理的四项原则。第一,坚持水资源管理目标和原则的一致性,改善水生态状况。第二,采取多样化的水管理办法,吸取水环境治理中失败的经验教训,总结成功经验,出台指导文件,并为其他成员国提供参考。第三,强调水管理的灵活性,具体问题具体分析,实事求是,制定具有针对性的措施。第四,适时改变水管理的方法,因为随着经济的发展,技术的进步,水环境和相关政策都在不断改变，因此要顺应时代，制定合理的防治措施。

欧盟的结构基金主要由欧盟和各成员国共同管理，重在发挥政府的调节作用（李惠茹，2018）。结构基金的优势一方面能督促各成员国推动、落实项目，另一方面也能全面平衡各成员国的权利和义务。该基金的运作流程首先是欧盟与各成员国签订伙伴协议，其次是分析各国的发展状况和目标，确定基金在各国投资的领域，制订具体发展计划，最后就是实施与监管环节，各成员国需要定期汇报计划进展的情况，若资金使用不当，偏离原本目标，欧盟委员会可使用其暂缓拨付的权利。以上内容可以说对于构建京津冀的水资源环境协同治理机制非常有借鉴意义。

（2）美国生态环境协同保护治理经验。

在生态环境保护管理方面，美国形成了联邦政府与各州政府之间的环境协作网络。其中，美国环保局（EPA）和美国环境质量委员会（CEQ）是联邦政府层面的两个重要机构，同时环保局还下设十多个部门。美国环境质量委员会则直接隶属于总统，主要负责编制环境质量报告以及提出相关政策和立法建议。为了更好地进行生态环境保护，国家环保局专门设立了地方性的政府环境协作网络，实行联防联控，有效进行环境治理工作。

为了更好地进行环境协作治理，1977年美国成立了南海岸空气质量管理局，统一监管污染排放。加利福尼亚州还成立了机车污染控制局，实行减少汽车尾气排放量的措施。此外，在生态补偿方面，美国也有很丰富的经验，如美国在20世纪70年代进行的"湿地银行"计划，通过建立具备专业资质的"湿地银行"，对具有破坏湿地行为的占有者进行收费，然后弥补所造成的负外部性。

2. 国内经验

（1）长三角协同保护治理经验。

2016年《长江经济带发展规划纲要》指出，长江经济带的沿岸各省市要共同设立水环境保护治理基金，加大长江生态环境保护力度，强调联防联控，并建立有效的全新生态补偿制度。此外，在上海世博会上，上海、江苏、浙江等的环保部门，一起制定了长三角区域环境保障联防联控措施，并通过长三角数据共享平台、区域联合监测预报，对世博会期间的环境监管工作进行强有力的支撑。

（2）珠三角协同保护治理经验。

珠三角是工业较为发达的地区，但也正是由于工业的发达，导致珠三角地区水生态环境污染问题严峻。因此，在处理经济发展问题和环境保护问题中，珠三角建立了生态环境协同保护治理机制的约束机制。此外，珠三角地区在生态环境治理中打破了地方行政壁垒，与相邻行政区协同联动。例如，设置环境保护专职机构，建立环保信息沟通平台，联合制定三市的环境保护规划，然后按照一定比例提取资金，用于解决跨区域的突发环境事件及重点污染源、水质等达标管理。

因此，京津冀地区可以借鉴国内外经验，建立区域性水资源环境管理组织，打破行政区域的规划限制，建立专门的环境管理机构以及水质监管一体化平台，实现京津冀区域水资源环境监测网络和数据共享；引入绿色发展理念建立水资源管理可持续发展机制，使京津冀地区水资源环境一路向好而不反弹。

二、协同治理框架构建

京津冀地区存在着人口、经济发展多样化，城市功能定位差异化，管理水平差别化，以及水资源环境异质化等现状，要对京津冀地区进行跨区域环境合作，就需要京津冀三地从规划政策、组织保障、合作协议、法规制度四个方面来实现协同治理。首先，实行从国家层面贯彻到区域层面的全面规划，为京津冀协同治理提供政策和法律依据。其次，成立协同发展领导小组，开展跨区域的综合流域治理，以实现区域协同下水资源环境的组织保障。再次，跨区域建立专门的环境协作机构，签订合作治理行政协议，积极开展协同监测，协同预警。最后，也是最关键的一步，就是国家和地方共同建立和完善相关的法律法规制度，积极开展跨区域形式的协同执法，实现政府间的环境合作协同行动，以达到区域协同下水资源环境的优化治理。协同治理框架如图8-5所示。

从国家层面来讲，首先，为了实现跨区域的环境合作治理，京津冀地区根据各城市的独特性，已经开展实施了相关的规划和政策，如《京津冀城市群协同发展规划纲要》《重点流域水污染防治"十二五"规划》等规划方案，为京津冀跨区域水污染防治形成了制度保障，其制订的水资源协同治理行动计划，也为水资源和环境治理做出了贡献。其次，为了保障京津冀跨区域治理实施的有效性，成

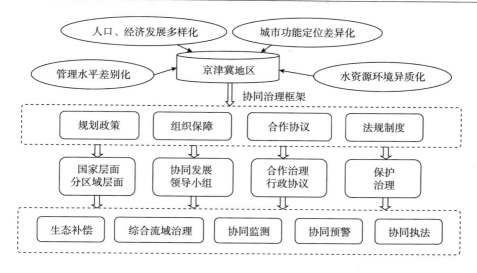

图8-5　协同治理框架

立了相关的高级别组织机构，确保各级规划都能实施到位，也成立了污染防治小组及生态率先突破工作领导小组。在此基础上，三地加强专业合作协议，如《京冀生态水源保护林建设项目合作协议书》《水污染突发事件联防联控机制合作协议》等，这些协议为保护重要湿地、提升水环境质量做出了贡献。在跨区域环境污染防治相关的法律法规政策上，京津冀地区各地政府也做出了一系列的努力。2014年以来，京津冀三地推出了修订的环境保护法规、水污染防治法规等，为京津冀当下的跨区域环境污染防治制定了统一的标准，提供了一致的准则。

　　从区域层面来讲，首先，京津冀根据《京津冀协同发展规划纲要》明确了"一核、双城、三轴、四区、多节点"空间格局，提出京津冀功能和产业发展定位，围绕"2+4+N"产业合作格局，打造优势突出、承载能力强、发展潜力大的承接平台载体，引导创新资源和转移产业向平台集中，促进产业转移精准化、产业承接集聚化。与此同时，还通过签订一些协议如《关于加强经济与社会发展合作协议》等，加强京津冀地区的经济融合、产业结构优化。为助力产业结构优化，京津冀提出"一体、三极、六区、多城"的人才总体布局。其次，京津冀及周边地区成立了环保产业联盟，研究了新兴的水资源技术，推动了生产清洁，降低了产业能耗，为环境污染防治项目做出了一定的贡献。与此同时，三地还召开了环境执法与环境应急联动工作机制联席会议，成立了环境治理领导小组，签署了《京津冀城市群区域环保率先突破合作框架协议》，指出要多方面展开环境治理合作，进一步改善京津冀三地的水环境。最后，地方层面关于京津冀协同治理的相关法律法规和政策也得到了完善，京津冀三地通过联防联控，联合监测、协同行动、共建共享等，实现了区域协同下水资源环境的优化治理。近年来，京津冀的区域水环境治理已经逐渐开始从分治模式向部分地区、局部地区和小流域的联合防治模式探索，京津冀三地协同治理的不懈努力取得了一定的成效。

然而，相关协议框架的落实及政策效应的发挥仍是目前比较薄弱的部分，还需要更有力的执行框架和推动力，来促进跨区域的水资源协同治理。

第五节　政策建议

一、积极引导人口绿色布局与发展，提升京津冀水资源环境承载力

目前，京津冀人口高度聚集于北京、天津、石家庄等一些主要城市，尽管人口集聚促进了地区的经济发展，但是也同样加剧了地区的水资源环境压力。根据计算（见本书前文），北京、天津以占比京津冀地区20%左右的水资源量承载了京津冀地区30%以上的人口，人口高度聚集与水资源分布不匹配导致局部缺水风险增大、地下水长期超采。同时，京津冀地区水资源消费方式较为粗犷、节水意识较为淡薄、对水价没有清晰认识，总体而言，其人口绿色发展水平偏低。这些问题导致京津冀水资源严重短缺、承载对象过多、承载率过高，因此京津冀水资源环境承载力较低。

政府需要积极引导人口布局。一方面，应综合运用市场、行政和法律等多种手段，合理引导人口流动，着力推动人口空间布局与主体功能区规划相适应、与生产力布局相适应、与新型城镇化建设相适应、与国家重大区域发展战略相适

应，促进人口与经济、社会、资源、环境协调可持续发展。另一方面，着力降低人口超载严重、人口与资源生态关系紧张地区人口规模，限制新增人口，积极引导人口向人居环境适宜、资源生态环境优越且具有较大人口潜力的地区迁移，以此缓解京津冀水资源及环境承载的压力。

与此同时，要注重提升人口绿色发展水平。首先，根据党在十八届五中全会上提出绿色发展理念，政府要制定企业用水和居民节水相关的政策法规，并加强宣传，对高污染企业以及居民浪费水的行为进行处罚，对水污染排放较小的企业、居民节水行为予以奖励。其次，人口的绿色发展需要居民转变用水方式、提高用水效率、增强节水意识，应鼓励个人也要发挥主观能动性，了解水资源现状，主动提高节水意识，养成节水习惯。最后，推行绿色消费方式，改变人口消费习惯，健全绿色消费政策体系，本着让污染者付费、贡献者得利的原则，以经济政策对人口消费全过程进行绿色引导，完善绿色消费政策体系，发挥环境经济政策的诱导机制。总而言之，在政府政策规划引导、企业绿色技术推动、个人环保意识影响多方作用下，形成政府、企业及个人多元主体协同治理框架，提高京津冀水资源环境承载力。

二、促进产业转型升级，激发京津冀用水效率提高及减排潜力发挥

目前，京津冀地区各行业用水结构与经济贡献之间严重失衡，截至 2018 年年底，京津冀农业、工业和生活用水量之比为 135∶28∶54，然而第一产业、第二产业和第三产业之比为 4∶29∶52，形成这种失衡的主要原因在于农业用水效率过低，且京津冀三地产业结构相似性较高。在产业转移过程中，除了已经存在着的产业同构现象以及产业梯度差距过大等问题，还忽略了产业的转型升级和优化，从而加剧了河北作为承接地的水资源污染。北京、天津由于人口虹吸效应的存在所导致的人口过度集中，生活用水量和水资源浪费总量都在不断加大，这些使京津冀地区用水效率低下。与此同时，三个地区由于行政区划不同，很难实现良好的协同治理合作关系，导致目前京津冀的产业转移、用水效率和减排潜力提升的效果均有限，因此，很难有一种真正高效的框架来激发京津冀减排潜力发挥。

针对现状，提高京津冀用水效率及减排潜力需要做好以下三点：一是通过改变灌溉方式、调整种植结构等途径提高农业用水效率；二是结合三地资源禀赋，宏观统筹三地产业结构调整，促进三地产业转型升级，促进水资源合理利用；三是建立协同治理机制，充分发挥减排潜力，激发京津冀用水效率提高。具体来看，北京仍要将现代服务业发展放在第一位，着重发展金融、文化、软件、信息、服务等高科技产业，推动技术创新，通过疏解用水低效率的产业提升用水效率。天津则重点创建拥有知识产权的现代化制造业基地，着重发展电子信息、石油化工以及环保节能车等，从源头和过程中实现减排的目标。河北一方面要加快推进技术改造以及工业信息化，通过水循环利用，提高水资源的利用效率；另一方面要升级优化钢铁、化工等原有优势行业，实现材料、加工制造行业的技术升级，进一步激发减排潜力。由于北京与天津发展较快，可以适当将技术、资金等向河北辐射，以带动河北地区的发展。通过三地区域间协同治理，促进三地产业转型升级，调整三地产业结构，从而提高水资源利用效率和减排效率。

要统筹跨京津冀发展规划，加强地方政府间生态合作，在合理分配水资源以及其他生产资料的基础上，激发京津冀用水效率提高和减排潜力发挥。其中，具体政策建议有三个方面：一是建立"政府+市场"准市场资源管理模式，健全京津冀水环境统一管理体制。一方面，由政府主导牵头组织，以产权制度改革为突破口，建立公平公正可持续的初始水权分配机制，处理好区域之间、用水主体之间的利益关系，保证全流域水资源的合理分配；另一方面，科学制定更加具有弹性的水价机制，充分发挥经济杠杆作用，通过市场化手段引导居民在生活中节约水资源，促使企业优化用水结构，减少高耗水产业，提高用水效率。二是用水企业相关部门做好需求规划，合理限制用水总量，加大科研力度，提高节水水平，实现技术的快速进步，同时优化产业结构，加强水资源内部管理，提高技术效率。三是京津冀要充分整合区域内各种资源，打破行政地域界限，构建区域内统一的水环境共同市场，设立跨地区的水资源环境协调治理机构，将京津冀水资源环境合作落到实处。

三、完善水资源环境协同治理联席机制，集成协同运行平台发挥大数据优势

京津冀地区地缘相接、地域一体，且水资源具有流动性的特点，导致京津冀水资源环境具有典型的整体性特征，因此，需要对京津冀地区水资源进行统筹分配、协同治理。尽管目前已经出台了《京津冀协同发展生态环境保护规划》，且在试行以联动机制保障协同治理，但是各省市仍是各自为政，按自己的思路解决辖区的水资源环境问题，区域水环境共同治理联动不足。一个典型的现象是，截至 2019 年年底，京津冀三地依然具有不同的排污标准，三地的排放指标和收费标准均不同且差距显著。完善水资源协同治理机制需要京津冀三地采取集体行动，互相配合、相互协调、协同进步。

针对目前京津冀协同治理过程中存在的问题，需要采取有效的措施提升京津冀的协同治理能力。一方面，建立高级别组织机构，加强对区域间、部门间的政府主导，开展水资源环境的协同治理，同时发挥多元模式，通过联席会议机制、协作机制、行业联盟形式等加强区域间水资源环境的合作，从技术、标准、产业对接、信息方面实现区域间共享，提高治理的效率。另一方面，构建一个有效的京津冀水资源协同运行平台，积极运用云计算、人工智能等先进技术，对三地的人口规模、水资源量、降雨、气温、财政情况、污染现状、生态外溢程度等数据进行统计搜集，打造全面、精细、智能的水资源环境信息化管理体系，构建水环境监管、科学预警、智能响应、监督评价一体化运行平台。通过这种政府主导、协同运行平台协助下建立的区域水资源协同治理机制，可以避免各自为政、减少"以邻为壑"的治理措施的产生，这是完善京津冀水资源环境协同治理机制的有效途径。

四、引入市场与政府有效结合的方式，提升第三方指导下生态补偿机制的公平性

由于京津冀水资源缺口较大，每年从南水北调工程中收水约 100 亿立方米，以缓解京津冀水资源短缺问题，但调水使水源地中心承载力下降，引发了新的水生态问题。与此同时，京津冀一体化背景下，北京高耗能、高污染产业不断往河北地区转移，导致河北地区污染排放总量及强度超标，生态压力极大，并易导致欠发达城市的资源分配不公甚至是严重的外部性。虽然生态补偿机制可以在一定程度上实现节约资源和减少污染的双重效应，缓解水供需矛盾和水污染问题，但

是目前京津冀地区生态补偿机制还不够完善，特别是地方政府只注重短期效益，补偿范围较小，补偿标准和方式也略为单一，因此并不能很好地解决目前的问题。

首先，要构建京津冀生态补偿长效机制，科学确定生态补偿标准，保证其公平性。生态补偿机制是以生态保护为目标、以平衡各方利益关系为手段的一种制度安排，市场化的目标在于把被保护的、潜在的资源资产和服务借助市场交易转化成经济收益，生态保护的责任和成本需要社会多个相关方面共同承担。首先，在市场机制下，交易双方按照用水效益最大化的效率目标进行交易，以实现较高的社会收益。然而，在这种制度下，交易双方的收益更倾向于以非绿色的生产途径或水环境流量的损失为代价，此时政府可以通过出台一系列优惠政策，使流域水资源市场中的各个主体能够更广泛地使用节水减排的技术，并对因水权交易而受到损失的对象进行补贴。其次，合理运用多元化手段，通过利益相关方协商和市场定价机制相结合，确定京津冀生态补偿标准，同时在实现的途径上可以通过财政专项、社会资金多样化方式。

其次，应建立系统的评估、监督、立法执法机制，以推动京津冀生态补偿的常态化、高效化。通过设立高级别生态补偿常设机构，来全面负责区域间、部门间生态补偿的重大事项，同时通过构建协商信息平台，将生态破坏及环境外部性问题上传至信息平台上，给予协商处理。另外，应加快生态补偿机制法治化。通过立法保障京津冀三地间、部门间、行业间生态利益的公平分配和环境成本的合理共担。

最后，要加大宣传，强化公众对生态补偿的理解和支持，并认识到生态补偿的重要性和紧迫性。通过生态补偿信息公开机制，发布生态补偿相关信息，并通过公众监督提高生态补偿的效率性及公平性；吸纳三地专家学者参与生态补偿制度的设计和政策的制定，发挥行业组织、创新联盟、环保组织的作用，为生态补偿提供智库支持。

五、健全水资源利用及污染治理投入体系，通过绩效评估提高京津冀协同治理效率

目前，京津冀水资源利用效率不高，农业用水效率常年维持在 0.5 左右，而发达国家的农业用水效率多为 0.7~0.8，差距明显；水污染较为严重，劣 V 类水质断面比例接近 40%，近些年废水排量还在以 3%~5% 的比例逐年增加。虽然已经在试点地区采用了协同治理、生态补偿等方式，每年投入约 5 亿元进行水污染协同治理工作，但是成效有限，还需要继续健全水资源利用及污染治理投入体系，提高水资源利用效率，增加水污染治理投入，提高京津冀协同治理效率。

要健全水资源利用及污染治理投入体系，应当加大水环境治理资金投入与治理工程建设，提高水污染处理能力。首先，各级地方政府要建立和完善生态治理补偿与惩戒机制，严格执法，严厉查处违法违规排放废水等行为，并建立协同治理水污染的体制、机制、法制，为水资源保护提供法律依据和保障。其次，要促进多元融资，引导社会资本投入污染修复、环境治理重点工程，积极推动设立融资担保基金，推进环保设备及工程的融资租赁业务，通过社会资源大幅度提升水污染处理能力、水资源开发利用能力。

要进一步提高京津冀协同治理效率，需要对水污染管理绩效展开深入评估。首先，应建立水污染管理绩效评估机制，将环境治理纳入政府的绩效考核标准，对协同治理的标准、治理效果、治理投入进行客观动态评估。其次，建立协同治理监督考核机制，对治理资金的筹集到付、规范使用等事项进行督察，确保生态补偿资金用在实处，并借助互联网信息平台将评估结果与治理信息向公众发布和公开，让社会大众共同监督和监控治理效果。

参考文献

［1］白伟桦．基于最小二乘回归法的辽宁省水资源压力演变特征与趋势分析［J］．黑龙江水利科技，2019，47（1）：18-21+75.

［2］白彦锋，张维霞．立足"新常态"，促进京津冀地区协同发展［J］．经济与管理评论，2015，31（6）：120-127.

［3］蔡继，董增川，陈康宁．产业结构调整与水资源可持续利用的耦合性分析［J］．水利经济，2007，25（5）：43-45.

［4］蔡莉．洪湖东分块蓄洪区人水和谐的问题和对策研究［D］．武汉：湖北工业大学硕士学位论文，2017.

［5］蔡阳．以大数据促进水治理现代化［J］．水利信息化，2017（4）：6-10.

［6］曹东，赵学涛，杨威杉．中国绿色经济发展和机制政策创新研究［J］．中国人口·资源与环境，2012（5）：48-54.

［7］曹飞．中国省域城镇化与用水结构的空间库兹涅茨曲线拟合与研判［J］．干旱区资源与环境，2017，31（3）：8-13.

［8］曹小欢，邱雪莹，黄苗．饮用水水源地安全评价指标的分析［J］．中国水利，2009（21）：25-28.

［9］常纪文，汤方晴，吴平．中国水治理的法制建设问题与对策建议［J］．重庆理工大学学报，2018，32（5）：1-6.

［10］陈静．基于网络DEA的中国区域绿色发展评价［D］．太原：山西大

学硕士学位论文，2015.

[11] 陈新明．我国流域水资源治理协同绩效及实现机制研究［D］．北京：中央财经大学博士学位论文，2018.

[12] 陈彦策．河北省对接北京产业转移的承接力评价研究［D］．太原：中北大学硕士学位论文，2016.

[13] 陈阳．我国跨区域水污染协同治理机制研究［D］．南昌：江苏师范大学硕士学位论文，2017.

[14] 陈永生．城市公园绿地空间适宜性评价指标体系建构及应用［J］．东北林业大学学报，2011，39（7）：105-110.

[15] 程涵，金哲，管蓓．城镇人口增长造成水环境压力浅析——以南京市某河流为例［J］．安徽农学通报，2017，23（24）：75-77.

[16] 程怀文，李玉文．我国水资源管理的经济政策耦合效果仿真研究［J］．中国环境管理，2019，11（5）：53-60.

[17] 程遥，赵民．东北地区核心—边缘空间演化及驱动机制研究——经济增长和产业组织的视角［M］．上海：同济大学出版社，2020.

[18] 迟妍妍，许开鹏，王晶晶，等．京津冀地区水生态风险及对策建议［J］．环境影响评价，2019，41（2）：32-35.

[19] 崔冬初，宋之杰．京津冀区域经济一体化中存在的问题及对策［J］．经济纵横，2012（5）：75-78.

[20] 党兴华，赵璟，张迎旭．城市群协调发展评价理论与方法研究［J］．当代经济科学，2007（11）：110-126.

[21] 底志欣．京津冀协同发展中流域生态共治研究——基于洵河流域的案例分析［D］．北京：中国社会科学院研究生院博士学位论文，2017.

[22] 樊胜岳，麻亮亮．中国大陆足迹家族的环境库兹涅茨曲线分析［J］．自然资源学报，2016，31（9）：1452-1462.

[23] 方世南．领悟绿色发展理念亟待拓展五大视野［J］．学习论坛，2016（4）：38-42.

[24] 冯浩源，石培基，周文霞，等．水资源管理"三条红线"约束下的城

镇化水平阈值分析——以张掖市为例 [J]. 自然资源学报，2018，33（2）：287-302.

[25] 盖力强，谢高地，李士美，等. 中国生产水足迹及水资源压力分析 [J]. 资源与生态学报（英文版），2016，7（5）：334-341.

[26] 谷树忠，谢美娥，张新华，等. 绿色发展：新理念与新措施 [J]. 环境保护，2016（12）：13-15.

[27] 郭珉媛，牛桂敏，杨志. 京津冀水环境协同治理的实践与经验 [J]. 环境保护，2019，47（19）：51-55.

[28] 郭炜煜. 京津冀一体化发展环境协同治理模型与机制研究 [D]. 北京：华北电力大学博士学位论文，2016.

[29] 韩宇平，阮本清. 水资源短缺风险经济损失评估研究 [J]. 水利学报，2007，38（10）：1253-1257.

[30] 韩宇平，阮本清. 中国区域发展的水资源压力及空间分布 [J]. 四川师范大学学报（自然科学版），2002（3）：219-224.

[31] 何音，蔡满堂. 京津冀地区资源环境压力与人口关系研究 [J]. 人口与发展，2016，22（1）：2-10.

[32] 胡鞍钢，周绍杰. 绿色发展：功能界定、机制分析与发展战略 [J]. 中国人口·资源与环境，2014，24（1）：14-20.

[33] 胡鞍钢. 中国绿色发展的重要途径 [N]. 中国环境报，2012-05-11（002）.

[34] 胡惠兰，周亮广. 淮河流域水资源短缺风险评估与时空分析 [J]. 南水北调与水利科技，2017，15（6）：59-65.

[35] 胡建华，钟刚华. 模式调适与机制创新：我国跨区域水污染协同治理研究 [J]. 湖北行政学院学报，2019（1）：72-79.

[36] 胡熠. 我国流域治理机制创新的目标模式与政策含义——以闽江流域为例 [J]. 学术研究，2012（1）：49-54+159.

[37] 黄德春，陈思萌，张昊驰. 国外跨界水污染治理的经验与启示 [J]. 水资源保护，2009，25（4）：78-81.

［38］黄华，申伟宁，袁硕．京津冀区域绿色发展与城市化的耦合协调发展研究［J］．湖南财政经济学院学报，2019，35（3）：87-93.

［39］黄人杰．中国区域绿色发展效率与绿色全要素生产率：2000—2010［D］．广州：暨南大学硕士学位论文，2014.

［40］纪良纲，许永兵．京津冀协同发展：现实与路径［M］．北京：人民出版社，2016.

［41］贾绍凤．中国水治理的现状、问题和建议［J］．中国经济报告，2018（10）：54-57.

［42］姜瑞青．府际协同视角下京津冀区域环境行政执法研究［D］．沈阳：东北大学硕士学位论文，2016.

［43］雷社平，解建仓，阮本清．产业结构与水资源相关分析理论及其实证［J］．运筹与管理，2004，13（1）：100-105.

［44］李昌柏．水文水资源监测现状及解决对策［J］．低碳世界，2018（3）：40-41.

［45］李国平，席强敏．京津冀协同发展下北京人口有序疏解的对策研究［J］．人口与发展，2015（2）：28-33.

［46］李惠茹．京津冀生态环境协同保护研究［M］．北京：人民出版社，2018.

［47］李少华，董增川，董四方．水资源复杂巨系统及其和谐性探析［J］．水利发展研究，2007（7）：10-14.

［48］李胜．构建跨行政区流域水污染协同治理机制［J］．管理学刊，2012，25（3）：98-101.

［49］李晓西，王佳宁．绿色产业：怎样发展，如何界定政府角色［J］．改革，2018（2）：5-19.

［50］李新生，黄会平，韩宇平，等．京津冀农业虚拟水流动及对区域水资源压力影响研究［J］．南水北调与水利科技，2019，17（2）：40-48.

［51］李耀懿．流域人水关系的系统分析［J］．成都理工大学学报（社会科学版），2004，12（3）：31-34.

［52］李业俊，司婕. 浅析我国产业结构的变动和调整［J］. 当代经济，2007（10）：92-94.

［53］李颖慧，王崇举，刘成杰. 三峡库区水污染治理机制研究［J］. 科技管理研究，2014，34（17）：231-235+240.

［54］连季婷. 京津冀协同发展中的河北省经济策略研究［D］. 大连：东北财经大学博士学位论文，2015.

［55］梁吉义. 区域水资源可持续利用系统整体论［J］. 系统辩证学学报，2005（2）：84-88.

［56］梁星. 中国省际水资源利用效率及影响因素分析［J］. 山东工商学院学报，2013，151（2）：51-60.

［57］梁增强. 京津冀典型城市环境污染特征、变化规律及影响机制对比分析［D］. 北京：北京工业大学硕士学位论文，2014.

［58］廖乐，吴宜进，毕旭. 湖北省各主要地市水资源压力指数评价［J］. 环境保护科学，2012，38（3）：82-86+94.

［59］林恩全. 北京中心城功能疏解方略［J］. 城市问题，2013（5）：36-40.

［60］刘保国，张宏莉. 传统发展观的超越：习近平新时代绿色发展理论［J］. 青岛科技大学学报（社会科学版），2018，34（4）：69-75.

［61］刘春春. 欧盟环境立法工作处探［J］. 世界标准化与环境管理，1998（12）：18-21.

［62］刘登伟. 京津冀大都市圈水资源短缺风险评价［J］. 水利发展研究，2010，10（1）：20-24.

［63］刘芳. 流域水资源治理模式的比较制度分析［D］. 杭州：浙江大学博士学位论文，2010.

［64］刘华祥. 流域水污染治理模式创新研究［J］. 广东化工，2018，45（6）：175-176.

［65］刘继莉. 吉林省集中式饮用水源地环境评估与管理对策研究［D］. 长春：吉林大学硕士学位论文，2010.

［66］刘奇勇，郑景云，葛全胜．IPCC关于水资源风险的评估综述［J］．安徽农业科学，2008，36（32）：14267-14270.

［67］刘戎．水资源治理与传统水利管理的区别［J］．水利经济，2007（3）：55-57+85.

［68］刘仕俊，陈春华．试论我国现阶段劳动力的有效转移——基于配第一克拉克定理的理论视角［J］．乡镇经济，2008（3）：60-63.

［69］刘湘溶．十九大报告对生态文明思想的创新［J］．理论视野，2018（2）：15-19.

［70］刘学军．辽宁省水资源生态压力空间格局研究［J］．水利规划与设计，2018（7）：47-50.

［71］刘洋，李丽娟．京津冀地区产业结构和用水结构变动关系［J］．南水北调与水利科技，2019，17（2）：1-9.

［72］刘玉龙，路宁，李梅．水资源利用压力下的政策选择——生态补偿机制［J］．中国水利，2008（6）：19-21.

［73］卢祖国．流域内各地区可持续联动发展路径研究［D］．广州：暨南大学博士学位论文，2010.

［74］路宁，周海光．中国城市经济与水资源利用压力的关系研究［J］．中国人口·资源与环境，2010，20（S2）：48-50.

［75］马朝．水资源可持续利用研究及对策［J］．内蒙古水利，2018（9）：25-26.

［76］马骏，颜秉姝．基于环境库兹涅茨理论的经济发展与用水效率关系形态研究——来自我国2002—2013年31个省份面板数据的证据［J］．审计与经济研究，2016，31（4）：121-128.

［77］马黎，汪党献．我国缺水风险分布状况及其对策［J］．中国水利水电科学研究院学报，2008，6（2）：131-135.

［78］马蕴，何建勇．2017年新增10万亩京冀生态水源保护林［J］．绿化与生活，2018（1）：4.

［79］马志帅．安徽省绿色发展评价体系构建及应用研究［D］．合肥：安

徽大学硕士学位论文，2019.

　　［80］蒙莎莎，张晓青，尹向来．城镇化进程中乐陵市水生态足迹和水资源承载力分析及预测［J］．中国环境管理干部学院学报，2018，28（1）：30-33+57.

　　［81］牛桂敏，郭珉媛，杨志．建立水污染联防联控机制，促进京津冀水环境协同治理［J］．环境保护，2019，47（2）：64-67.

　　［82］潘家华．加快形成绿色发展方式和生活方式［J］．当代党员，2018（1）：24.

　　［83］戚泳锋．关于跨流域调水的若干问题［J］．现代农业科技，2010（7）：301+305.

　　［84］秦书生，胡楠．中国绿色发展理念的理论意蕴与实践路径［J］．东北大学学报（社会科学版），2017（6）：631-636.

　　［85］秦亚玲．京津冀协同发展下张家口绿色产业发展研究［D］．唐山：华北理工大学硕士学位论文，2017.

　　［86］饶林．完善流域水污染防治体制机制的建议［J］．乡村科技，2018（20）：110-111.

　　［87］任敏．"河长制"：一个中国政府流域治理跨部门协同的样本研究［J］．北京行政学院学报，2015（3）：25-31.

　　［88］任毅．北京与周边区域市场化生态补偿制度设计研究［D］．北京：北京林业大学博士学位论文，2016.

　　［89］任志安，张世娟．安徽省人口城镇化与水资源利用效率关系［J］．合肥学院学报（综合版），2016，33（4）：35-40.

　　［90］荣冰凌，陈春娣，邓红兵．城市绿色空间综合评价指标体系构建及应用［J］．城市环境与城市生态，2009，22（1）：33-37.

　　［91］阮本清，韩宇平，王浩．水资源短缺风险的模糊综合评价［J］．水利学报，2005，36（8）：906-912.

　　［92］沈德熙，熊国平．关于城市绿色开敞空间［J］．城市规划汇刊，1996（6）：6+7-11.

［93］施祖麟，毕亮亮．我国跨行政区河流域水污染治理管理机制的研究——以江浙边界水污染治理为例［J］．中国人口·资源与环境，2007（3）：3-9.

［94］苏喜军，李松华，桂黄宝，等．河南省水资源对产业结构调整影响的实证研究［J］．人民黄河，2018，40（12）：72-75.

［95］苏心玥，于洋，赵建世，等．南水北调中线通水后北京市辖区间水资源配置的博弈均衡［J］．应用基础与工程科学学报，2019，27（2）：239-251.

［96］孙才志，闫冬．基于 DEA 模型的大连市水资源—社会经济可持续发展评价［J］．水利经济，2008（4）：1-4.

［97］孙久文，姚鹏．京津冀产业空间转移、地区专业化与协同发展——基于新经济地理学的分析框架［J］．南开学报（哲学社会科学版），2015（1）：81-89.

［98］孙琳惠．人口学因素对 OECD 国家绿色发展的影响机制研究［D］．济南：山东师范大学硕士学位论文，2019.

［99］孙思奥，郑翔益，刘海猛．京津冀城市群虚拟水贸易的近远程分析［J］．地理学报，2019（12）：2631-2645.

［100］孙艳芝，鲁春霞，谢高地，等．北京城市发展与水资源利用关系分析［J］．资源科学，2015，37（6）：1124-1132.

［101］孙振宇，李华友．北京市工业用水影响机制研究［J］．环境科学动态，2005（4）：63-64.

［102］汤小波，唐宏，吴越，等．南充市水资源压力时空演变［J］．中国科学院大学学报，2016，33（4）：497-504.

［103］唐霞，张志强，尉永平，等．黑河流域水资源压力定量评价［J］．水土保持通报，2014，34（6）：219-224.

［104］陶红茹，马佳腾．京津冀区域横向生态补偿机制研究［J］．绥化学院学报，2019，39（12）：17-20.

［105］田佩芳．京津冀区域环境风险分析与协同控制研究［D］．北京：中国矿业大学博士学位论文，2017.

［106］田文威．协同治理视角下我国跨界水污染治理研究［D］．武汉：武汉科技大学硕士学位论文，2012.

［107］田智宇，杨宏伟．我国城市绿色低碳发展问题与挑战——以京津冀地区为例［J］．中国能源，2014（11）：25-29.

［108］童玉芬，李铮．人口因素在北京市水资源压力中的驱动作用分析［J］．人口学刊，2012（5）：30-38.

［109］《完善水治理体制研究》课题组．水治理及水治理体制的内涵和范畴［J］．水利发展研究，2015，15（8）：1-4.

［110］王得新．我国区域协同发展的协同学分析——兼论京津冀协同发展［J］．河北经贸大学学报，2016（3）：96-101.

［111］王浩，曹寅白，王建华．对话王浩院士：寻根施策缺水流域水"渴"望［J］．中国水利，2015（4）：1-12.

［112］王浩，龙爱华，于福亮，等．社会水循环理论基础探析Ⅰ：定义内涵与动力机制［J］．水利学报，2011，42（4）：379-387.

［113］王浩，游进军．水资源合理配置研究历程与进展［J］．水利学报，2008（10）：1168-1175.

［114］王浩宇．京津冀产业关联与空间分布研究［D］．北京：北京邮电大学博士学位论文，2017.

［115］王桥，刘洪斌．上犹江引水工程水源涵养林多功能经营建设方案研究［J］．林业调查规划，2018，43（6）：100-104.

［116］王希良，吴修峰．水资源治理与传统水利管理的区别分析［J］．丝路视野，2017（19）：114.

［117］王小军，张建云，刘九夫，等．以榆林市工业用水为例谈西北干旱地区需水管理战略［J］．中国水利，2009（17）：16-19.

［118］王燕华．北京市人口变动及产业结构调整对水资源利用的影响［J］．中国水土保持科学，2014，12（3）：48-52.

［119］王助贫，周琳，闫丽娟，等．基于流域尺度的城市河流治理技术体系——以凉水河为例［J］．中国水利，2018（7）：8-11.

［120］邬晓霞，朱春筱，高见. 京津冀地区城市体系规模结构的测度和评价——基于 2006—2012 年数据［J］. 河北经贸大学学报，2016（3）：102-108.

［121］吴丹，李昂，张陈俊. 双控行动下京津冀经济发展与水资源利用脱钩评价［J］. 中国人口·资源与环境，2021，31（3）：150-160.

［122］吴佩林. 我国区域发展的水资源压力分析［J］. 西北农林科技大学学报（自然科学版），2005（10）：143-149.

［123］吴舜泽，姚瑞华，赵越，等. 国际水治理的机制体制经验及对我国启示［J］. 环境保护，2015，43（22）：66-68.

［124］吴涛，李姗姗. 南水北调对河南省产业结构影响分析［J］. 经济经纬，2009（2）：42-44+53.

［125］吴瑛. 滇池流域人口社会分化与水环境空间结构变迁［J］. 云南社会科学，2013（1）：131-135.

［126］吴泽. 地理环境与社会发展［M］. 上海：棠棣出版社，1950.

［127］武鹏鹏，何海军. 基于 C-D 生产函数的重庆经济增长实证研究［J］. 区域经济，2011（7）：14-20.

［128］夏军. 跨流域调水及其对陆地水循环及水资源安全影响［J］. 应用基础与工程科学学报，2009，17（6）：831-842.

［129］谢翠娜，许世远，王军，等. 城市水资源综合风险评价指标体系与模型构建［J］. 环境科学与管理，2008，33（5）：163-168.

［130］徐鹤. 南水北调工程受水区多水源水价研究［D］. 北京：中国水利水电科学研究院博士学位论文，2013.

［131］徐子令，陈鸥，段育慧. 生态文明建设下水污染协同治理体系搭建［J］. 水利规划与设计，2018（12）：25-27+59.

［132］杨志，牛桂敏. 流域视角下京津冀水污染协同治理路径探析［J］. 人民长江，2019，50（9）：6-12.

［133］于光远，等. 论环境管理［M］. 太原：山西人民出版社，1980.

［134］余达淮，张文捷，钱自立. 人水和谐：水文化的核心价值［J］. 河海大学学报（哲学社会科学版），2008（2）：20-22+29.

［135］余东华，张昆．要素市场分割、产业结构趋同与制造业高级化［J］．经济与管理研究，2020（1）：36-47．

［136］俞扬勇．北京市人口变动与水资源的分析［J］．劳动保障世界，2013（2）：38-40．

［137］俞正梁．区域化、区域政治与区域治理［J］．国际观察，2001（6）：1-3．

［138］云逸，邹志红，王惠文．北京市用水结构与产业结构的成分数据回归分析［J］．系统工程，2008（4）：67-71．

［139］臧漫丹，诸大建．基于循环经济理论的上海水资源治理模式研究［J］．给水排水，2006，32（3）：40-47．

［140］张偲葭．京津冀区域协同发展的水资源配置研究［D］．哈尔滨：哈尔滨工业大学硕士学位论文，2016．

［141］张昌勇．我国绿色产业创新的理论研究与实证分析［D］．武汉：武汉理工大学博士学位论文，2011．

［142］张凯．绿色发展视角下的我国产业结构优化战略研究［D］．北京：北京邮电大学硕士学位论文，2011．

［143］张乐勤，方宇媛．基于空间自相关分析的安徽省水资源生态压力空间格局探析［J］．水资源保护，2017，33（1）：24-29．

［144］张梦瑶，沙景华，钟帅．京津冀地区不同水资源配置方式的影响比较——基于社会核算矩阵［J］．资源与产业，2016，18（4）：30-37．

［145］张平华．欧盟环境政策实施体系研究［J］．环境保护，2002（1）：44-45+48．

［146］张瑞君，段争虎，陈小红，等．民勤县2000—2009年来水资源生态环境压力分析［J］．中国沙漠，2012，32（2）：558-563．

［147］张向宇．承德市水资源优化配置风险评估［J］．内蒙古水利，2017（1）：73-74．

［148］张耀军，柴多多．京津冀人口与产业空间演变及相互关系——兼论产业疏解可否调控北京人口［J］．经济理论与经济管理，2017（12）：102-109．

［149］张治忠．马克思主义绿色发展观的价值维度［J］．求索，2014（12）：77-80.

［150］赵恭．水土保持措施对水资源与水环境的影响［J］．黑龙江科技信息，2016（5）：223-223.

［151］赵领娣，张磊，徐乐，等．人力资本、产业结构调整与绿色发展效率的作用机制［J］．中国人口·资源与环境，2016，26（11）：106-114.

［152］赵娜，万宝春，冯海波，等．京津冀协同推进"河长制"的建议［J］．河北能源职业技术学院学报，2019，19（4）：52-53+56.

［153］郑晓，郑垂勇，冯云飞．基于生态文明的流域治理模式与路径研究［J］．南京社会科学，2014（4）：75-79+101.

［154］郑云辰．流域生态补偿多元主体责任分担及其协同效应研究［D］．泰安：山东农业大学博士学位论文，2019.

［155］周潮洪，张凯．京津冀水污染协同治理机制探讨［J］．海河水利，2019（1）：1-4.

［156］周潮洪，张凯．京津冀水污染协同治理机制探讨［J］．海河水利，2019（1）：1-4.

［157］周刚炎，谢剑．中、美流域水资源管理机制比较［J］．中国水利，2007（5）：56-59.

［158］周海炜，范从林，陈岩．流域水污染防治中的水资源网络组织及其治理［J］．水利水电科技进展，2010，30（4）：30-34+45.

［159］周海炜，范从林，张阳．流域水资源治理内涵探讨——以太湖治理为例［J］．科学决策，2009（8）：59-66+86.

［160］周阳靖．基于环境库兹涅茨曲线假说下的城市河道生态修复研究——以宁海县颜公河为例［D］．宁波：宁波大学硕士学位论文，2014.

［161］朱丽，孙理密．济南市环境、社会、经济协调发展评价［J］．环境保护科学，2017（12）：102-109.

［162］庄友刚．准确把握绿色发展理念的科学规定性［J］．党政视野，2016（5）：67.

［163］左其亭，毛翠翠．人水关系的和谐论研究［J］．中国科学院院刊，2012（4）：469-477.

［164］左其亭．人水和谐论及其应用研究总结与展望［J］．水利学报，2019，50（1）：135-144.

［165］Angel U., Efremov R., Galbiati L. Simulation and multicriteria optimization modeling approach for regional water restoration management［J］. Annals of Operations Research, 2014, 219（1）：123-140.

［166］Apergis N., Ozturk I. Testing Environmental Kuznets Curve hypothesis in Asian countries［J］. Ecological Indicators, 2015, 52：16-22.

［167］Baalousha H., Jürgen K. Stochastic modelling and risk analysis of groundwater pollution using FORM coupled with automatic differentiation［J］. Advances in Water Resources, 2006, 29（12）：1815-1832.

［168］Bao C., Fang C., Chen F. Mutual optimization of water utilization structure and industrial structure in arid inland river basins of Northwest China［J］. Journal of Geographical Sciences, 2006, 16（1）：87-98.

［169］Barone S. Building a narrative on environmental policy success. Reflections from a watershed management experience［J］. Critical Policy Studies, 2018, 12（2）：135-148.

［170］Berger M., Ruud V. D. E., Eisner S. Water accounting and vulnerability evaluation（WAVE）：Considering atmospheric evaporation recycling and the risk of freshwater depletion in water footprinting［J］. Environmental Science & Technology, 2014, 48（8）：4521-4528.

［171］Bierkens M. F. P., Van Beek L. P. H., Wada Y. Global monthly water stress：Water balance and water availability［J］. Water Resources Research, 2011, 47（7）：197-203.

［172］Bolster D., Barahona M., Dentz M. Probabilistic risk analysis of groundwater remediation strategies［J］. Water Resources Research, 2009, 45（6）：1-10.

［173］Bolund P., Hunhammar S. Ecosystem services in urban areas［J］. Ecological Economics, 1999, 29 (2): 293-301.

[174] Bormann H. , Ahlhorn F. , Klenke T. Adaptation of water management to regional climate change in a coastal region-Hydrological change vs. community perception and strategies [J] . Journal of Hydrology, 2012 (454-455): 64-75.

[175] Brooks D. , Trottier J . Confronting water in an Israeli-Palestinian peace agreement [J] . Journal of Hydrology, 2010, 382 (1): 103-114.

[176] Buytaert W. , De Bièvre B. Water for cities: The impact of climate change and demographic growth in the tropical Andes [J] . Water Resources Research, 2012, 48 (8): 1-13.

[177] Canisfeld S. Water Resources [M] . Washington: Island Press, 2010.

[178] Chagwiza G. , Jones B. C. , Hove-Musekwa S. D. Optimisation of total water coverage in a network with priority using max-min ant system algorithm [J] . Urban Water Journal, 2015, 14 (3): 315-324.

[179] Chen L. , Xu L. , Xu Q. Optimization of urban industrial structure under the low-carbon goal and the water constraints: A case in Dalian, China [J] . Journal of Cleaner Production, 2016, 114: 323-333.

[180] Chen Y. , Lu H. , Li J. A leader-follower-interactive method for regional water resources management with considering multiple water demands and eco-environmental constraints [J] . Journal of Hydrology, 2017 (548): 121-134.

[181] Cheremukhin A. , Golosov M. , Guriev S. Was stalin necessary for Russia's economic development? [R] . National Bureau of Economic Research, 2013.

[182] Clark E. , Mondello G. Water management in France: Delegation and market based auto-regulation [J] . International Journal of Public Administration, 2003 (3): 317-335.

[183] Cronin A . E. , Ostergren D. M. Democracy, Participation, and native American tribes in collaborative watershed management [J] . Society and Natural Resources, 2007, 20 (6): 527-542.

[184] Dore J. , Lebel L. , Molle F. A framework for analysing transboundary wa-

ter governance complexes, illustrated in the Mekong Region [J]. Journal of Hydrology, 2012, 466 (2): 23-36.

[185] Dou X. China's inter-basin water management in the context of regional water shortage [J]. Sustainable Water Resources Management, 2018, 4 (3): 519-526.

[186] Ertek A., Yilmaz H. The agricultural perspective on water conservation in Turkey [J]. Agricultural Water Management, 2014, 143 (C): 151-158.

[187] Ester B. The conditions of agricultural growth: The economics of agrarian change under population pressure [M]. Chicago: Aldine Transaction, 2005.

[188] Evers M., Höllermann B., Almoradie A. D. S., et al. The pluralistic water research concept: A new human-water system research approach [J]. Water, 2017, 9 (12): 1-12.

[189] Fang C., Mao Q., Ni Pi. Discussion on the scientific selection and development of China's urban agglomerations [J]. Acta Geographica Sinica, 2015, 70 (4): 515-527.

[190] Feng H., Shi P., Zhou W. Threshold analysis of urbanization with the constraint of "three red lines" on water resources management: A case study of Zhangye City [J]. Journal of Natural Resources, 2018, 2: 67-72.

[191] Fischer J., Gardner T. A., Bennett E. M. Advancing sustainability through mainstreaming a social-ecological systems perspective [J]. Current Opinion in Environmental Sustainability, 2015, 14: 144-149.

[192] Fu Z. H., Zhao H. J., Wang H. Integrated planning for regional development planning and water resources management under uncertainty: A case study of Xining, China [J]. Journal of Hydrology, 2017, 554: 623-634.

[193] Gohari A., Eslamian S., Mirchi A. Water transfer as a solution to water shortage: A fix that can backfire [J]. Journal of Hydrology, 2013, 491 (1): 23-39.

[194] Goklany I. M. Comparing 20th century trends in US and global agricultural

water and land use ［J］. Water International, 2002, 27 (3): 321-329.

［195］Grabert V. K., Narasimhan T. N. California's evolution toward integrated regional water management: A long-term view ［J］. Hydrogeology Journal, 2006, 14 (3): 407-423.

［196］Green M., Weatherhead E. K. Coping with climate change uncertainty for adaptation planning: An improved criterion for decision making under uncertainty using UKCP09 ［J］. Climate Risk Management, 2014, 1 (C): 63-75.

［197］Grossman G. M., Krueger A. B. Environmental impacts of a North American Free Trade Ag reement ［R］. National Bureau of Economic Research Working Paper, 1991.

［198］Haken H. Synergetics: A Introduction ［M］. Berlin: Springer-Verlag, 1977.

［199］Hart E. A. Land use change and sinkhole flooding in Cookeville, Tennessee ［J］. Southeastern Geographer, 2006 (1): 35-40.

［200］Hashimoto T., Stedinger J. R., Loucks D. P. Reliability, resiliency, and vulnerability criteria for water resource system performance evaluation ［J］. Water Resources Research, 1982, 18 (1): 14-20.

［201］He T., Lu Y., Cui Y., et al. Detecting gradual and abrupt changes in water quality time series in response to regional payment programs for watershed services in an agricultural area ［J］. Journal of Hydrology, 2015, 525: 457-471.

［202］Hettige H., Mani M., Wheeler D. Industrial pollution in economic development: The Environmental Kuznets curve revisited ［R］. Policy Research Working Paper, 1998.

［203］Holling G. Understanding the complexity of economic, ecological, and social systems ［J］. Ecosystems, 2001, 5: 390-405.

［204］Hu X. Clarifying various space concepts on urbanization ［J］. Urban Development Studies, 2014, 21 (11): 12-17.

［205］Hu X., Xiong Y., Li Y. Integrated water resources management and water users' associations in the arid region of northwest China: A case study of farmers' perceptions [J]. Journal of Environmental Management, 2014, 145: 162-169.

[206] Jacobs I. M., Nienaber S. Waters without borders: Transboundary water governance and the role of the "transdisciplinary individual" in Southern Africa [J]. Water Sa, 2011, 37 (5): 245-247.

[207] Jooste S. A model to estimate the total ecological risk in the management of water resources subject to multiple stressors [J]. Water S. A., 2000, 26 (2): 159-166.

[208] Julian L. S. The economics of population: Key modern writings [M]. Piscataway: Transaction Publishers, 1998.

[209] Juma D. W., Wang H., Li F. Impacts of population growth and economic development on water quality of a lake: Case study of Lake Victoria Kenya water [J]. Environmental Science and Pollution Research, 2014, 21 (8): 5737-5746.

[210] Kim D., Lee J. Directions for eco-friendly utilization and industrialization of fishery by-products [J]. Journal of Fishries & Marineences Education, 2015, 27 (2): 566-575.

[211] Kim D. H., Kim H. S., Kang J. O. Principles and directions of eco-friendly development for settlement of environmental problems [J]. Journal of Agricultural Extension and Community Development, 1997, 4 (1): 211-229.

[212] Kim K. J., Won S. T. Development of eco-friendly range extension UTV hybrid vehicle system [J]. Journal of the Korean Sorean Society for Precision Engineering, 2016, 33 (12): 1015-1020.

[213] Kummu M. Water management in Angkor: Human impacts on hydrology and sediment transportation [J]. Journal of Environmental Management, 2009, 90: 1413-1421.

[214] Kuznets S. Economic growth and income inequality [J]. American Economic Review, 1955, 45 (1): 1-28.

[215] Lake P. S., Bond N. R. Australian futures: Freshwater ecosystems and

human water usage ［J］. Futures, 2007, 39 (2): 288-305.

［216］Lee G. Water law reform in Australia and South Africa: Sustainability, efficiency and social justice ［J］. Journal of Environmental Law, 2005 (2): 181-198.

［217］Li Y. P. , Huang G. H. , Nie S. L. A robust modeling approach for regional water management under multiple uncertainties ［J］. Agricultural Water Management, 2011, 98 (10): 1440-1588.

［218］Liu C. M. An analysis of the relationship between water resources and population-economy-society-environment ［J］. Journal of Natural Resources, 2003, 18: 635-644.

［219］Lubell M. , Lippert L. Integrated regional water management: A study of collaboration or water politics-as-usual in California, USA ［J］. International Review of Administrative Sciences, 2011, 77 (1): 76-100.

［220］Mcdonald R. I. , Green P. P. , Balk D. Urban growth, climate change, and freshwater availability ［J］. Proceedings of the National Academy of Sciences, 2011, 108 (15): 6312-6317.

［221］Muhammad W. Measuring groundwater irrigation efficiency in Pakistan: A DEA approach using the sub-vector and slack-based models, February 5-8, 2013 ［C］. Sydney: Australian Agricultural and Resource Economics Society, 2013.

［222］Myrdal G. Economic theory and underdeveloped regions ［M］. New York: Harper & Row, 1957.

［223］Nilsalab P. , Gheewala S. H. , Silalertruksa T. Methodology development for including environmental water requirement in the water stress index considering the case of Thailand ［J］. Journal of Cleaner Production, 2017, 167 (20): 1002-1008.

［224］Norman E. S. , Bakker K. , Cook C. L. Introduction to the Themed ection: Water governance and the politics of scale ［J］. Water Alternatives, 2012, 5 (1): 52-61.

[225] Peterson G. D., Cumming G. S., Carpenter S. R. Scenario planning: A tool for conservation in an uncertain world [J]. Conservation Biology, 2003, 17 (2): 358-366.

[226] Portielje R., Hvitved-Jacobsen T., Schaarup-Jensen K. Risk analysis using stochastic reliability methods applied to two cases of deterministic water quality models [J]. Water Research, 2000, 34 (1): 153-170.

[227] Raskin P. D., Hansen E., Margolis R. M. Water and sustainability: Global patterns and long-range problems [J]. Natural Resources Forum, 1996, 20 (1): 1-15.

[228] Sastry S. Sustainable energy for eco-friendly development [J]. Journal on Future Engineering & Technology, 2013, 8: 1-8.

[229] Schelwald-van der Kley A. J. M., Reijerkerk L. Water: A Way of Life [M]. London: CRC Press, 2009.

[230] Shafik N., Bandyopadhyay S. Economic growth and environmental quality: Time series and cross country evidence [R]. Washington: World Bank, 1992.

[231] Sharma Y. C., Singh B., Korstad J. ChemInform abstract: A critical review on recent methods used for economically viable and eco-friendly development of microalgae as a potential feedstock for synthesis of biodiesel [J]. Chemistry, 2012, 43 (5): 2993-3006.

[232] Simmons B., Woog R., Dimitrov V. Living on the edge: A complexity-infomed exploration of the human-water relationship [J]. World Future, 2007, 63: 275-285.

[233] Sivapalan M., Savenije H. H. G., Blöschl G. Socio-hydrology: A new science of people and water [J]. Hydrol Process, 2012, 26: 1270-1276.

[234] Solow R. M. A Contribution to the theory of economic growth [J]. The Quarterly Journal of Economics, 1956, 70 (1): 65-94.

[235] Syvitski J., Vorosmarty C., Kettner A., et al. Impact of humans on the flus of terrestrial sediment to global coastal ocean [J]. Science, 2005, 208: 376-

380.

[236] Tartakovsky D. M. Assessment and management of risk in subsurface hydrology: A review and perspective [J]. Advances in Water Resources, 2013, 51 (1): 247-260.

[237] Templet P. H., Meyer-Arendt K. J. Louisiana wetland loss: A regional water management approach to the problem [J]. Environmental Management, 1988, 12 (2): 181-192.

[238] Von Bertalanffy L. General system theory [M]. New York: George Braziller, 1976.

[239] Vörösmarty C. J. Green P., Salisbury J., et al. Global water resources: Vulnerability from climate change and population growth [J]. Science, 2000, 289: 284-288.

[240] Vörösmarty C. J., Mcintyre P., Gessner M. Global threats to human water security and river biodiversity [J]. Nature, 2010, 467: 555-561.

[241] Wang H., Small M. J., Dzombak D. A. Factors governing change in water withdrawals for U. S. industrial sectors from 1997 to 2002 [J]. Environmental Science & Technology, 2014, 48 (6): 3420-3429.

[242] Wang R. S., Li F., Hu D., et al. Understanding eco-complexity: Social-economic-natural complex ecosystem approach [J]. Ecological Complexity, 2011, 8: 15-29.

[243] Wang S., Zhou L., Wang H., et al. Water Use Efficiency and Its Influencing Factors in China: Based on the Data Envelopment Analysis (DEA) —Tobit Model [J]. Water, 2018, 10 (7): 832.

[244] Wang Y. Y., Huang G. H., Wang S. A risk-based interactive multi-stage stochastic programming approach for water resources planning under dual uncertainties [J]. Advances in Water Resources, 2016, 94: 217-230.

[245] Wei S., Yang H., Abbaspour K. Game theory based models to analyze water conflicts in the Middle Route of the South-to-North Water Transfer Project in

China [J]. Water Research, 2010, 44 (8): 2500-2516.

[246] Witt U. Learning to consume-a theory of wants and the growth of demand [J]. Journal of Evolutionary Economics, 2001, 11 (1): 23-36.

[247] Yao X., Feng W., Zhang X. Measurement and decomposition of industrial green total factor water efficiency in China [J]. Journal of Cleaner Production, 2018, 198: 1144-1156.

[248] Zeng X. T., Zhao J. Y., Yang X. L., et al. A land-indicator-based optimization model with trading mechanism in wetland ecosystem under uncertainties [J]. Ecological Indicators, 2017, 74: 479-499.

[249] Zeng X. T., Li Y. P., Huang W., et al. Two-stage credibility-constrained programming with Hurwicz criterion (TCP-CH) for planning water resources management [J]. Engineering Applications of Artificial Intelligence, 2014, 35: 164-175.

[250] Zhou J. Study on tax greening policy in view of sustainable development [A] //International Conference on Green Energy and Environmental Sustainable Development. New York: IEEE, 2012.

[251] Zuo Q., Liu J. China's river basin management needs more efforts [J]. Environmental Earth Sciences, 2015, 74 (12): 7855-7859.